全国高等院校艺术设计应用与创新规划教材

总主编　李中扬　杜湖湘

服装设计基础

主　编　张鸿博
副主编　郑俊洁　陶 然

WUHAN UNIVERSITY PRESS
武汉大学出版社

图书在版编目（CIP）数据

服装设计基础/张鸿博主编；郑俊洁，陶然副主编．—武汉：武汉大学出版社，2008.12

全国高等院校艺术设计应用与创新规划教材/李中扬　杜湖湘总主编

ISBN 978-7-307-06575-8

Ⅰ．服…　Ⅱ．①张…　②郑…　③陶…　Ⅲ．服装—设计—高等学校—教材

Ⅳ．TS941.2

中国版本图书馆CIP数据核字(2008)第158031号

责任编辑：胡国民

出版发行：**武汉大学出版社**　（430072　武昌　珞珈山）

（电子邮件：cbs22@whu.edu.cn　网址：www.wdp.com.cn）

印刷：湖北恒泰印务有限公司

开本：787×1092　1/16　印张：8　字数：234千字

版次：2008年12月第1版　　2009年9月第2次印刷

ISBN 978-7-307-06575-8/TS·18　　定价：30.00元

全国高等院校艺术设计应用与创新规划教材编委会

总 序

尹定邦

尹定邦 中国现代设计教育的奠基人之一，在数十年的设计教学和设计实践中，开辟和引领了中国现代设计的新思维。现任中国工业设计协会副理事长，广州美术学院教授、博士生导师；曾任广州美术学院设计分院院长、广州美术学院副院长等职。

我国经济建设持续高速地发展和国家自主创新战略的实施，迫切需要数以千万计的经过高等教育培养的艺术设计的应用型和创新型人才，主要承担此项重任的高等院校，包括普通高等院校、高等职业技术院校、高等专科学校的艺术设计专业近年得到超常规发展，成为各高等院校争相开办的专业，但由于办学理念的模糊、教学资源的不足、教学方法的差异导致教学质量良莠不齐。整合优势资源，建设优质教材，优化教学环境，提高教学质量，保障教学目标的实现，是摆在高等院校艺术设计专业工作者面前的紧迫任务。

教材是教学内容和教学方法的载体，是开展教学活动的主要依据，也是保障和提高教学质量的基础。建设高质量的高等教育教材，为高等院校提供人性化、立体化和全方位的教育服务，是应对高等教育对象迅猛扩展、经济社会人才需求多元化的重要手段。在新的形式下，高等教育艺术设计专业的教材建设急需扭转沿用已久的重理论轻实践、重知识轻能力、重课堂轻市场的现象，把培养高级应用型、创新型人才作为重要任务，实现以知识为导向到以知识和技能相结合为导向的转变，培养学生的创新能力、动手能力、协调能力和创业能力，把“我知道什么”、“我会做什么”、“我该怎么做”作为价值取向，充分考虑使用对象的实际需求和现实状况，开发与教材适应配套的辅助教材，将纸质教材与音像制品、电子网络出版物等多媒体相结合，营造师生自主、互动、愉悦的教学环境。

当前，我国高等教育已经进入一个新的发展阶段，艺术设计教育工作者为适应经济社会发展，探索新形势下人才培养模式和教学模式进行了很多有益的探索，取得了一批突出的成果。由武汉大学出版社策划组织编写的全国高等院校艺术设计应用与创新规划教材，是在充分吸收国内优秀专业基础教材成果的基础上，从设计基础入手进行的新探索，这套教材在以下几个方面值得称道：

其一：该套教材的编写是由众多高等院校的学者、专家和在教学第一线的骨干教师共同完成的。在教材编撰中，设计界诸多严谨的学者对学科体系结构进行整体把握和构建，骨干教师、行业内设计师依据丰富的教学和实践经验为教材内容的创新提供了保障与支持。在广泛分析目前国内艺术设计专业优秀教材的基础上，大家努力使本套教材深入浅出，更具有针对性、实用性。

其二，本套教材突出学生学习的主体性地位。围绕学生的学习现状、心理特点和专业需求，该套教材突出了设计基础的共性，增加了实验教学、案例教学的比例，强调学生的动手能力和师生的互动教学，特别是将设计应用程序和方法融入教材编写中，以个性化方式引导教学，培养学生对所学专业的感性认识和学习兴趣，有利于提高学生的专业应用技能和职业适应能力，发挥学生的创造潜能，让学生看得懂、学得会、用得上。

其三，总主编邀请国内同行专家，包括全国高等教育艺术设计教学指导委员会的专家组织审稿并提出修改意见，进一步完善了教材体系结构，确保了这套教材的高质量、高水平。

因此，本套教材更有利于院系领导和主讲教师们创造性地组织和管理教学，让创造性的教学带动创造性的学习，培养创造型的人才，为持续高速的经济社会发展和国家自主创新战略的实施作出贡献。

目录

的基本理论

第1章 服装设计的基本理论

服装作为人类文明的产物，从一开始就与人类社会的经济、政治、文化发展紧密联系在一起。随着人类社会的发展与进步，服装也经历了由低级到高级，由简陋到精致的漫长演变过程。今天的服装充分反映了现代科技的发展水平和各民族、各地区广泛交流的状况。人们也更注意通过服装展示自我，展示生活情趣，从而使服装越来越受到社会的重视。

服装设计作为现代社会设计行为中的一大类，有着自己特殊的形式和特点。在学习服装设计具体手法之前，我们应对其形式和特点进行了解和熟悉，以达到设计的根本目的。

第一节 服装设计的定义及特点

服装有两个方面的概念，一方面是指用于人体穿着的所有物品的总称，另一方面也指人体穿着后的一种状态，服装的两个方面的意义是共存的，为人们表达和理解提供了方便。

随着人类精神文明和物质文明的不断提高，人们追求美的愿望更加强烈，这种愿望首先表现在每个人的自我完善方面。人们需要用款式美、色彩美、材料美、图案美来满足自己不断更新的审美追求；需要用服装维护自己的体面和尊严。在人类社会中，服装已成为一种备受关注的艺术品。

服装设计(Fashion Design)中的设计一词源于法语的Designare，原意为将人类的想法以具体的形象表现出来。现代的设计概念演变成为构思设计图、策划、企划、计划等。服装设计由款式、面料、色彩这三大要素的设计构成，二者互相补充、互为依托，同时又各具特性。

服装是人类创造的文化形态，与人的生理条件和自然、社会环境有着密切的关系。文化是物质财富与精神财富的总和，服装也不可避免地带有物质和精神的特征。服装的物质性是来自于人类生活的生理要求，是人类创造的生活用品。服装的精神性是来自于人类社会的心理要求，是依附在生活用品上的精神内容。

服装作为技术与艺术的产物，离不开艺术的某些特征，在一定程度上，人们会用艺术的审美标准衡量服装的精神内容，其具体表现为服装的装饰性。这里有两层含义：一是服装本身的装饰手段，是脱离了实用意义的服装表面处理；二是对于人的装饰作用。不同的服装穿戴在人身上，就会不同程度地改变人的原有形象。其次表现为服装的象征性。服装设计语言在一定的文化背景驱使下，使服装呈现出不同的象征意义，其中包括民族的象征、社会的象征、集团的象征、地域的象征、地位的象征和品行的象征。

第二节 中外服装发展历史及现状

人类自从有了意识，传统意义上的服装就出现了。从最开始的树叶裙到后来的兽皮装，无不显示着人类利用自然资源进行服装的制作。随着纺织技术的发展，服装材质和图案及色彩产生更多的变化，款式上也在不断更新。下面我们来系统地了解一下中外服装发展的历史。

◎ 一、中国服装发展历史

中国是一个有着古老文明的国家，有着自己独特的服饰风格。中国服装在整体风格上都较为含蓄，神秘而浪漫。从人类开始直立行走，就有了服装的雏形。最初以树叶围腰，进而以兽皮遮挡前胸后背，虽然样式极为简陋，但具有划时代的意义，即使人类与动物进一步拉开距离。当野蛮的奴隶制出现后，由于剩余物质的出现，产生了阶级概念，通过服装体现出来，就是一部分人耕田铸铜，短衣粗布；一部分人养尊处优，宽衣大袖，从而奠定了中国服装的基本形式。在七雄争霸、战火连天的时代，曾出现诸多布甲、皮甲、铁铠、铜盔；而在丝绸之路通达中西，经济发展的汉唐之际，更出现了以高级质料、精美图案所构成的各式服装。宋代以汴梁为主的城镇工商经济繁荣昌盛，呈现出百衣百工，行人望其穿着即可知其所从事的行业的景象。忽必烈执掌中央政权，令汉服制随元蒙，明朝问鼎后，即恢复唐宋服式旧制。封建王朝崩溃后，服制不再为强权者所限制，随着科技的发展，人们生活节奏的加快，服装样式则愈加适应高节奏高效率的生活，更加地轻便化了。接下来我们结合图例来了解中国不同时期的服装样式及特点。

图1-1 兽皮衣

图1-2 上衣下裳

图1-3 深衣

1．神话传说时代及夏朝

(1)神话及传说起源。传说上古帝王轩辕氏黄帝统一华夏部落。黄帝的正妃嫘祖，传说中就是她首创养蚕制丝织绢，从而发明了汉服。嫘祖衣被天下，丝美中华，西周以来，被奉为中华母祖，尊为先蚕。

(2)实际起源。远古时期，生产力极端低下，对人类来说，服饰的起源是出于实用。人们发明了骨锥和骨针,从而创造了原始服装(见图1-1)。约五千年前产生了原始的农业和纺织业，开始用织成的麻布来做衣服，后又发明了饲蚕和丝纺，人们的衣冠服饰日臻完备。

2．商周时期

商朝是中国第一个有文字记载的朝代。根据众多的考古发现，这一时期的汉服基本样式已经成型。这一时期的服装主要由两部分组成，即上衣和下裳(裙)(见图1-2)。上衣袖口较窄，没有扣子，在腰部束着一条宽边的腰带，肚围前再加一条像裙一样的“蔽膝”，用来遮蔽膝盖。

周朝以封建制度建国，制定了一套非常详尽周密的礼仪来规范社会。周代服饰大致沿袭商代服制而略有变化。衣服的样式比商代略为宽松。衣袖有大小两种样式，领子通用交领右衽。不使用纽扣，一般腰间系带，有的在腰上还挂有玉制饰物。裙或裤的长度短的及膝，长的及地。

东周春秋战国时期诞生了一种重要的汉服——深衣(见图1-3)。深衣是直筒式的长衫，把衣、裳连在一起包住身子。深衣延续了汉服交领右衽的特点，裙分为曲裾和直裾两种样式。这一时期纺织和染色技术非常发达，已经出现很多繁复华丽的图案。

3．秦汉时期

秦代服饰主要承前朝影响，仍以袍为典型服装样式，分为曲裾和直裾两种(见图1-4、图1-5)，袖也有长短两种样式。秦代男女日常生活

图1-4 曲裾深衣

图1-5 直裾深衣

中的服饰形制差别不大，都是大襟窄袖，不同之处是男子的腰间系有革带，带端装有带钩；而妇女腰间只以丝带系扎。

汉朝是中国最重要和杰出的王朝之一。从这一时期开始，平民开始穿着精织服饰。汉代曲裾深衣不仅男子可穿，同时也是女服中最为常见的一种样式。这种服装通身紧窄，长可曳地，下摆一般呈喇叭状，行不露足，以显出女性的文静与优雅。衣袖有宽窄两式，袖口大多镶边。

上襦下裙的女服样式，早在战国时代已经出现。这个时期的襦裙(见图1-6、图1-7)样式，一般上襦极短，只到腰间，而裙子很长，下垂至地。襦裙是中国妇女服装中最主要的形式之一。

4. 魏晋南北朝

姿容飘逸的魏晋风度也反映到了服饰上，这一时期的男子一般都穿大袖衫(见图1-8)。直到南朝时期，这种衫子仍为各阶层男子所爱好。衫和袍在样式上有明显的区别，照汉代习俗，凡称为袍的，袖端应当收敛，并装有祛口。而衫子却不需施祛，袖口宽敞。

魏晋时期妇女服装承袭秦汉遗俗并吸收少数民族服饰特色，一般上身穿衫、袄、襦，下身穿裙子，腰用帛带系扎，款式多为上俭下丰，以宽博为主。衣身部分紧身合体，袖口肥大，裙为多折裥裙，裙长曳地，下摆宽松，从而达到俊俏潇洒的效果。

魏晋南北朝时期特有的杂裾服(见图1-9)，在衣服的下

图1-6 汉代襦裙

图1-7 汉代襦裙

图1-8 大袖衫

图1-9 杂裾服

图1-10 缚裤

图1-11 隋代襦裙

图1-12 唐代大袖衫

摆部位，加一些饰物，通常以丝织物制成。其特点是上宽下尖形如三角，并层层相叠。另外，由于从围裳中伸出来的飘带比较长，走起路来，如燕飞舞。

南北朝时期裤褶。裤褶的基本款式为上身穿齐膝大袖衣，下身穿肥管裤。南北朝的裤有大口裤和小口裤，以大口裤为时髦，穿大口裤行动不便，故用锦带将裤管缚住，又称缚裤(见图1-10)。

5. 隋唐五代

隋朝是继秦汉之后再度建立的统一朝代，南北两地服装彼此仿效。唐朝是中国封建社会的鼎盛时期，近三百年的唐代服饰经过长期的承袭、演变、发展成为中国服装发展上一个极为重要的时期。唐以后的五代十国是唐末封建军阀割据的继续，在服饰上大体沿袭唐朝之制。隋唐服装无论官服或民服，男装和女装，都表现其开放的思想、开拓的精神，充分反映了鲜明的时代性和强烈的民族性。

襦裙是唐代妇女的主要服式。妇女的短襦都用小袖，下着紧身长裙，裙腰高系，一般都在腰部以上，有的甚至系在腋下，并以丝带系扎，给人一种俏丽修长的感觉。披帛，又称“画帛”，通常以轻薄的纱罗制成，上面印画图纹。长度一般为两米以上，用时将它披搭在肩上，并盘绕于两臂之间(见图1-11)。

唐代大袖衫(见图1-12)是唐代女服的主要样式。盛唐以后，女服的样式日趋宽大。一般妇女服装，袖宽往往四尺以上。穿着这种礼服，发上还簪有金翠花钿，所以又称“钿钗礼衣”。大袖衫裙样式为大袖、对襟，佩以长裙、披帛。以纱罗作女服的衣料，是唐代服饰中的一个特点，这和当时的思想开放有密切关系。尤其是不着内衣，仅以轻纱蔽体的装束，更是创举。

隋唐时代也产生了汉服的一种重要变体——圆领衫(见图1－13)，成为官式常服。这种服装延续了唐、五代、宋、明四朝，并对日本、高丽等国产生了很大的影响。裹幞头、穿圆领袍衫是唐代男子的普遍服饰，以幞头袍衫为尚。唐代以后，人们又在幞头里面增加了一个固定的饰物，名为“巾子”。幞头的两脚也有许多变化，到了晚唐五代，已由原来的软脚改变成左右各一的硬脚。

在吴越地区以及普通百姓之间，则以大襟右衽交领这种汉服为主。唐代官吏，除穿圆领窄袖袍衫之外，在一些重要场合，如祭祀典礼时仍穿礼服。礼服的样式，多承袭隋朝旧制。圆领汉服和交领汉服一样，是汉民族服饰的重要组成部分(见图1－14)。

图1－13 圆领衫　　图1－14 汉服

6．宋明时代

宋朝是一个在经济、科技和文化上高度发达的王朝。宋朝服饰总体来说可分官服与民服两大类。官服(见图1－15)又分朝服和公服。庶民百姓只许穿白色衣服，后来又允许流外官、举人、庶人可穿黑色衣服。但实际生活中，民间服色五彩斑斓，根本不受约束。

图1－15 宋官服

宋代一般妇女所穿服饰有袄、襦、衫、褙子、半臂、裙子、裤等服装样式。宋代妇女以裙装穿着为主，但也有长裤。宋代的襦裙样式(见图1－16)和唐襦裙大体相同。除披帛以外，只在腰间正中部位佩的飘带上增加一个玉制圆环饰物，它的作用主要是为了压住裙幅。

宋朝流行一种叫褙子的外衣(见图1－17)，宋代的褙子为长袖、长衣身，腋下开胯，即衣服前后

图1-16 宋襦裙

图1-17 宋褙子

图1-18 明襦裙

图1-19 明襦裙

襟不缝合，而在腋下和背后缀有带子的样式。宋代褙子的领型有直领对襟式、斜领交襟式、盘领交襟式三种，以直领式为多。斜领和盘领二式只穿在男子公服里面，妇女都穿直领对襟式。有身份的主妇则穿大袖衣。宋代女子所穿的褙子，初期短小，后来加长，发展为袖大于衫、长与裙齐的标准格式。

明朝建立以后，十分重视整顿和恢复服饰制度，全面恢复了汉族服饰的特点。明代服饰仪态端庄，气度宏美，是华夏近古服饰艺术的典范，当今中国戏曲服装的款式纹彩，多采自明代服饰。

明代上襦下裙的服装形式，与唐宋时期的襦裙没有什么差别，只是常加一条短小的腰裙(见图1-18、图1-19)，以便活动。上襦为交领、长袖短衣。裙子的颜色，初尚浅淡，虽有纹饰，但并不明显。

明代文武官员服饰主要有朝服、祭服、公服、常服、赐服等。官员戴乌纱帽、幞头，身穿盘领窄袖大袍(见图1-20)。“盘领”即一种加有圆形沿口的高领。明朝建国25年以后，朝廷对官吏常服作了新的规定，凡文武官员，不论级别，都必须在袍服的胸前和后背缀一方补子(见图1-21)，文官用飞禽，武官用走兽，以示区别。这是明代官服中最有特色的装束。

7. 清朝至近代

清朝是我国服装史上改变最大的一个时代，是满汉文化

图1-20 明官服

图1-21 明官服补子

交融的时代，尤其是在服装文化方面，清朝也是在进入中原后，保留原有服装传统最多的非汉族王朝。清朝的长袍马褂从富贵人家慢慢进入一般人家，变成全国性服饰。满族妇女的旗袍，早期是宽宽大大的，后来才变得有腰身，旗袍外再加上一件背心(见图1-22、图1-23、图1-24)。

图1-22 清朝日常服装

民国时期，随着国外列强的进入，外来文化也开始渐渐地影响到国人。辛亥革命后，服装形制发生了彻底的改变，在机械工业逐渐普遍的形势下，去掉长衣大袖而使之更轻便适体，无疑是一次服装上的大胆改革。男子为长袍、礼帽与西装裤、皮鞋的中西合璧服装，女子服饰则为经过改造后更具有曲线美的改良旗袍(见图1-25)。

图1-23 晚清刺绣衬衣

民国初年，在这一时期上衣下裙最为流行，20世纪20年代，旗袍开始普及。其样式与清末旗装没有多少差别。但不久，袖口逐渐缩小，滚边也不如从前那样宽阔。至20年代末，因受欧美服装的影响，旗袍的样式也有了明显的改变。

图1-24 近代妇女袄裙

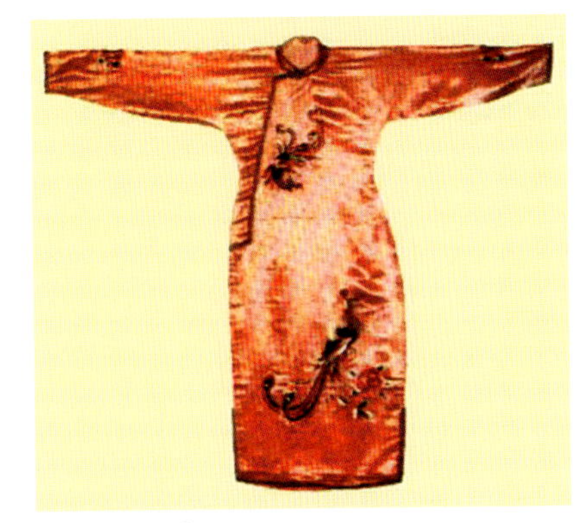
图1-25 改良旗袍

◎ 二、西方服装发展历史

从世界最古老的五大文明古国去考证，可知对西方服装影响最直接的是两河流域文明和尼罗河文明：一个地处西亚，另一个地处北非。

1．古代奴隶制社会的服装特点

(1)古代埃及。出现最早、持续时间最长的一种服装样式是“腰衣”。也称围腰布或胯裙。女子多穿筒形衣裙。18王朝后出现褶纹衣是以长布缠绕身上形成垂褶的装束，这种服饰对后来希腊和罗马服装有着较深刻的影响（见图1–26）。

(2)巴比伦和亚述。古巴比伦主要以棉、亚麻为衣料。一般人穿着“卷衣”，是一种缠绕性的服装，衣长至膝下。着衣时男子露出右肩，女子则不露肩。亚述帝国的服饰则更加注重流苏的装饰（见图1–27）。

(3)古代波斯。波斯服饰吸收埃及、巴比伦、希腊各民族的艺术成就。其服装的材料主要是羊毛，也有亚麻布和从东方来的绢。波斯本土服装以套头式为主，同时还有称为candys的长衣。

图1–26 古埃及服饰

图1–27 古亚述服饰

(4)古代希腊。常见的服饰称为chiton（见图1–28），块料型包缠式，布料横向对折包住身体。两侧有美丽的花边。由于chiton特别宽大，系上腰带后，全身垂满无数自然的褶裥，增添了平面衣料的立体感。这一时期具有代表性的还有亚麻羊毛制成的himation披身式长外衣和chlamya短式斗篷。

(5)古代罗马。男子主要穿着toga，它是罗马最具有代表性的服装，一般由厚重的羊毛制成，褶裥沉重有深度，显得庄重而高贵。女子则主要穿着stola披肩外衣，肩部以别针固定（见图1–29）。

图1–28 古希腊服饰

2. 中世纪的服装特点

(1)拜占庭时期服装特点。由于罗马帝国的东迁，使得有机会出现融合东西方艺术形式的拜占庭艺术。这种特色也反映在服装上。例如：在男女宫廷服的大斗篷、帽饰以及鞋饰上都出现了镶贴、光彩夺目的珠宝和充斥着华丽图案的刺绣。这些情形有别于同时期在欧洲其他地区的服饰，营造出一种既融合东西方又充满华丽感的服饰装饰美（见图1–30、图1–31）。

图1–29 古罗马服饰

(2)古代北欧服饰特点。北欧风格多采川毛麻，尤其是动物毛皮，以适合北方寒冷的气候。纺织图案、彩色镶边以及流苏使简单的服装焕发牛气。女性穿带有粗纺衬裙的筒袍。外面披一块方形毛皮，用夹子或金属扣固定在一侧肩或前面。腰带系在胸下形成自然而柔软的褶皱。男性穿及膝的罩衣配裤子。长裤的下半部分有捆腿。

(3)哥特式时期服饰特点。“哥特式”原本是指源自20世纪的一种建筑风格，这种风格主要的表现是建筑上的“锐角三角形”，同时也深深影响了当时的服饰审美及服饰创造。例如：在男女服饰的整体轮廓上，在衣服的袖子上以及鞋子的造型上、帽子的款式

图1–30 拜占庭服饰

图1–31 拜占庭服饰

图1-32 哥特式服饰

图1-33 哥特式服饰

图1-34 文艺复兴时期服饰

图1-35 文艺复兴时期服饰

上都充分呈现出锐角三角形的形态（见图1-32、图1-33）。

3. 文艺复兴时期的服装特点

“文艺复兴”字面的意思是再生，即重现希腊罗马时期的文明。丰富多彩的服装广泛采用锦缎、花缎及天鹅绒等华贵的面料，并镶嵌大量缎带、滚边、丝带、刺绣及花边等装饰材料。文艺复兴时期女装的主要特点是肩部窄小、腰部紧贴、臀部夸张。到文艺复兴晚期，西班牙风格的服装优雅壮观，但也变得僵硬、不舒适，色彩也变得暗淡。男装外型宽阔以至成箱形，由衬衫、筒形外衣及紧身裤袜构成（见图1-34、图1-35）。

4. 17世纪欧洲的服装特点

这一时期流行的主要为法国巴洛克服饰。巴洛克艺术风格原本是强调炫耀财富、大量使用贵重材料的建筑风格，也因此牵动影响到当时艺术全面性的变革。巴洛克虽然承袭矫饰主义，但也淘汰了矫饰主义那些暧昧的、松散的形式。巴洛克时期的法国服装非常精美奢华。男装有些过分华美甚至过多的女性化，常采用花缎、天鹅绒和锦缎等华贵面料，并带有大量镶嵌线和刺绣（见图1-36）。

图1-36 巴洛克风格服饰

图1-37 巴洛克风格服饰

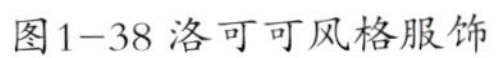

图1-38 洛可可风格服饰　　图1-39 洛可可风格服饰

5．18世纪的欧洲的服装特点

(1)法国路易十五时代。这一时期流行的洛可可时期的服装从坚挺耀眼的巴洛克风格走向轻柔、优美，有点漫不经心的风格。奢华的丝绸面料采用单色精致的图案或刺绣，色调清淡柔和（见图1−38、图1−39）。

(2)法国路易十六时代至法国大革命时期。这一时期服饰开始具有新古典主义风格。新古典主义艺术风格兴起于18世纪的中期，其精神是针对巴洛克与洛可可艺术风格所进行的一种强烈的反叛。它主要是力求恢复古希腊罗马所强烈追求的“庄重与宁静感”之题材与形式，并融入理性主义美学。特别是在女装方面。例如，以自然简单的款式，取代华丽而夸张的服装款式；排除受约束、非自然的“裙撑架”，等等。因此从1790年到1820年之间，所追寻的淡雅、自然之美，在服装史上被称为“新古典主义风格”（见图1−40、图1−41）。

图1-40 新古典主义服饰

图1-41 新古典主义服饰

6. 19世纪欧洲的服装特点

这一时期的欧洲服装从新古典主义风格向浪漫主义风格过渡，最后在世纪末形成了新艺术风格。浪漫主义时期的风格是早期几种风格的混合体，尤其是文艺复兴、哥特及洛可可元素的复古。女装款式既符合浪漫主义的特点，又适合小资产阶级生活方式的需求。服装极富形象性且丰富多彩（见图1-42、图1-43）。

19世纪末20世纪初，科学技术的巨大进步影响到了人们的生活方式。人们根据不同的穿着目的和穿着场合，可以

图1-42	图1-43
图1-44	图1-45

图1-42 新古典主义服饰
图1-43 浪漫主义服饰
图1-44 新艺术服饰
图1-45 新艺术服饰

选择适合的面料、色彩及式样。这一时期的新艺术风格基本特点是体现自然的柔软、悬垂、线条和简单装饰，设计款式与面料特性相符。女装在面料、裁剪和修饰方面都很豪华奢侈（见图1-44、图1-45）。

7．20世纪的服装发展（1900—1982年）

20世纪是服装飞速发展的一百年，如果说前面的服装历史是以百年作为单位的，20世纪的服装发展则只能细分成每十年的变化了。

(1)20世纪初。这一时期的女装发生了大的变化，一直束缚着女性的紧身胸衣被摒弃。随之而来服装款式造型上都发生了根本的变化。世界上第一位时装设计师布瓦列特的出现，将服装设计推到了重要的地位（见图1-46、图1-47）。

图1-46 依然使用束身衣的S型服装

图1-47 S型服装

图1-48 摒弃束胸的S型服装

图1-49 布瓦列特设计的灯罩上衣

图1-50 布瓦列特设计场景

(2)20世纪20年代。第一次世界大战之后，女装发生了革命性的变化。女权运动是其中最重要的影响因素之一。一批新型的、更加职业化的女性的涌现，促使职业装应运而生。人们不再需要那种使身体扭曲变形的紧身衣，而是需要更多的腿部自由，由此便出现了简单宽松的直筒连衣裙和直筒短裙（见图1-48～图1-51）。

(3)20世纪30年代。这一时期的服装开始的细分，讲究的女性的衣橱会挂有适合各种不同场合的衣服，

图1-51 1920年出现的“瘦身装”

图1-52 让郎万设计的风格袍

图1-53 Dior设计的"new look"

图1-54 "new look"的时装效果图

如在城里穿的、在郊外穿的、在鸡尾酒会穿的、非正式晚宴穿的、还有各种体育活动穿的。

(4)20世纪40年代。第二次世界大战期间物资短缺直接影响着服装业。服装限量供应,款式都变得又短又小。女装裙子的褶裥数量受到限制,袖子、领子和腰带的宽度也有相应的规定。刺绣、毛皮和皮革的装饰都受到禁止。裙长及膝而且裁剪得很窄。 而到了1947年,随着战后经济的复苏,高级时装在巴黎复苏,巴黎再度引领时尚的潮流。 迪奥发布充满女性化的 "新式样",一举成为"时装之王" (见图1-53、图1-54) 。

图1-55 第二次世界大战后服装样式

(5)20世纪50年代。随着高级时装向可穿性时装转变,使得社会各阶层人都得以享用,人们的社会地位可以通过服装加以强调。每个季节都有新的女装流行。强调女性性别特征的时装表现为修长、收腰和臀部修饰(见图1-55) 。

(6)20世纪60年代。这一时期服装特征是冲破传统的限制和禁忌。玛丽·匡特的"迷你裙"是当时最典型的流行风格。运动休闲型的宽松学生裙、衬衫裙和无领无袖连衣裙也很流行。夏奈尔套装和女裤开始被人们接受并成为经典。太空旅行和抽象派艺术带来了几何图形和以黑色与白色、白色与银色为特征的未来主义风格。新兴材料开始出现,如塑料薄膜和涂层面料。出现了带有大裤脚的喇叭裤,还有超出常规的热裤、大衣。反主流的"嬉皮"式也影响着服装界。无所顾忌的"反传统"风格与正统的女装风格形成对抗。年轻人接受反传统的服装款式,牛仔裤、套头针织衫、T恤衫是十几、二十出头年轻人的通用服装。男装因引起革新派年轻

图1-56 夏奈尔风格的白色晚装

设计师们注意而变得更加随意、更加耀眼、更加多彩（见图1-56）。

(7)20世纪70年代。这一时期服装的适应范围很宽，可以让人们组合自己独特的风格。流行将单件购买的服装进行组合，同时也流行面料的混合以及板型的混合搭配。裙长有些波动，最终定在中等长度。男装典型的特征是宽肩、长驳领和瘦腿裤。年轻人更喜欢穿牛仔服和牛仔裤。最为普遍的是脚穿运动鞋。还出现了色彩鲜艳的闪光面料。朋克风格从紧身皮装到怪异的发型都给人以反常规的感觉。英国著名设计师维维安韦斯特伍德的作品，尽显70年代朋克风格（见图1-57）。

图1-57 印第安牛仔风格服饰

(8)20世纪80年代。这时期服装种类繁多且各具特色。女装灵感来自于活跃、自我意识强的女性。既有经典优雅的风格也有休闲实用的风格。女装追求精致、诱人、奢华。日装以简单舒适裁剪的休闲款为主。也有一些摆动的、修长的或大体积的、相互重叠的款式（见图1-58）。

图1-58 各式迷你裙

(9)20世纪90年代。这一时间段发生了很多戏剧性的变化。服装创意从街头获得的灵感不少于从T台获得的灵感。前5年是20世纪60年代和70年代风格(从迷你裙、喇叭裙到嬉皮式和朋克式)的回归，90年代末期牛仔裤和针织套头衫被广泛接受。曾经只是星期五穿的服装已经延伸到其余几个工作日。相反，成衣套装的需求在开始萎缩，而新一代定做西装店正逐渐被开发出来（见图1-59）。

图1-59 Westwood和她的丈夫Malcolm McLaren是英国朋克风格的布道者

◎ 三、 服装发展现状

当世纪时钟敲响时，意味着我们要开始新的千年，服装发展也进入了一个全新的时代。虽然在开始的几年里，我们还意识不到已经出现了一些变化。回顾中外服装发展史，不难发现，每一次服装的变化，都是以社会意识形态为基础的，在现在这样一个总体安定的国际大环境下，服装的发展依靠着技术的进步，更加多样化。总的来说，21世纪的服装发展遵守以下几个原则：

(1) 追求自然回归。在20世纪，由于战争和无序的科技泛滥，给人们带来的危害逐渐显露出来，人们对于自然绿地的渴望，在服装选择上也体现出来。

(2) 服装的设计研究趋于个性化。随着人们生活质量的提高，人们更加注重个体感受。

(3) 科技在服装上的体现更加明显。例如随着黏合技术的发展，无纺布等纸质材质更多的被应用。

(4) 特种服装的大面积应用。随着人们的自我保护意识增强，防水、防火、防污染、防辐射等特种服装应运而生。

回顾服装历史及现状，可以看出服装是人们精神意识的一个表现。虽然在技术提高的同时，我们可以开发出新型材料、新的缝制工艺，可是对于款式风格的要求，依然侧面地表现出当时人们的心理需求。了解服装发展的历史，能为将来的服装设计打下坚实的理论基础。

第三节 服装设计的前提及工具使用

◎ 一、服装设计的前提

在开始进行服装设计之前，设计者除了专业的设计知识外，还应该具备以下的要求：

1. 扎实的美术基础

服装设计中，扎实的美术基础表现在效果图和款式图的绘画中，设计者的设计灵感是抽象的，可以通过效果图把自己的构思表达出来。服装设计专业的学生可以通过素描、色彩、平面构成、色彩构成、图案构成、立体构成等基础练习，加强自身的审美和绘画能力。

2. 对于专业的热情

对于专业的热情，会让设计者多思考设计工作中的细节，多留意身边出现的同类现象，如流行趋势、流行色变化规律的分析、友邻品牌的设计特点、成衣效果的表现、成衣制作工艺等。只有投入高度热情，才能设计出优秀的作品。

3. 对于流行的敏感度和分析能力

市场千变万化，作为服装设计师，应该掌握流行变化的规律，无论是从消费心理还是从审美观念出发，应该看到流行背后的本质。

4．换位思考的能力

虽然在服装设计训练中会受到强调原创性的观点，但个人思维不能代表市场的需求，服装设计人员应努力适应品牌，因此，我们应学会换位思考，把自己放到“市场”的角度去审视设计。

5．熟知服装加工工艺

进行设计之前，设计人员应尽最大的可能了解服装制作的工艺流程和制作原理。了解在设计中哪些可以通过工艺表现出来，而哪些则是仅仅存在于纸面上。

6．有着丰富的知识内涵

服装设计是艺术的一个分类，它将艺术与服装制作技术完美的结合起来。作为艺术品，它背后必定有着知识文化支撑，丰富的知识内涵，可以给予一个设计作品灵魂，让它变得有意义。

◎ 二、服装设计的工具使用

服装设计用到的工具很多，为了让同学们在正式开始设计之前，着手准备并熟练运用各种工具进行创作，下面我们一一说明。

1．前期准备工具

设计前期要准备数码相机、速写本、各式铅笔、马克笔（见图1-60）。前期准备工作的工具主要是进行素材的收集和灵感的挖掘。生活中所有美的事物都可以作为设计的灵感来源，捕捉美的瞬间则需要数码相机、速写本这些工具。因此，前期的工具必不可少。

2．创作时期的工具

设计效果图的绘制至关重要，它将设计者脑海中的创意再现于纸上。它的手绘工具使用与绘画工具相似，但追求快速表现。一般是水粉水彩颜料、彩色铅笔、马克笔、各类肌理纸张等（见图1-61）。具体每种工具的使用，我们会在后面关于效果图绘制的章

图1-60 各式速写本和铅笔

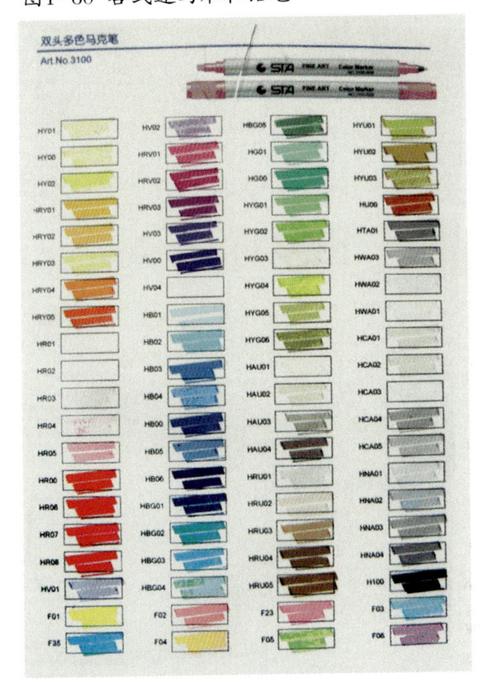

图1-61 马克笔色彩繁多

图1-62 设计草图

图1-63 设计草图

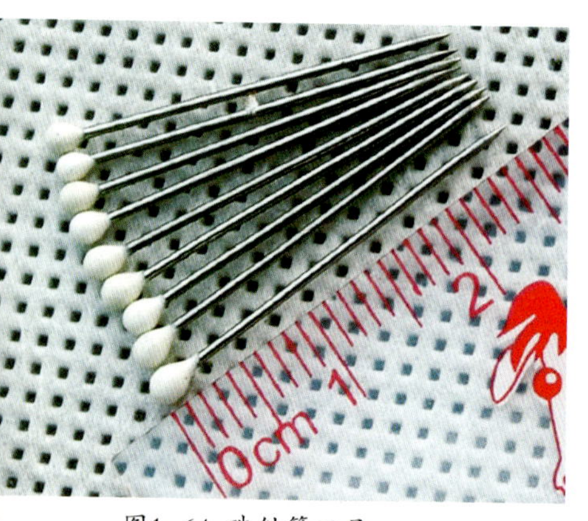

图1-64 珠针等工具

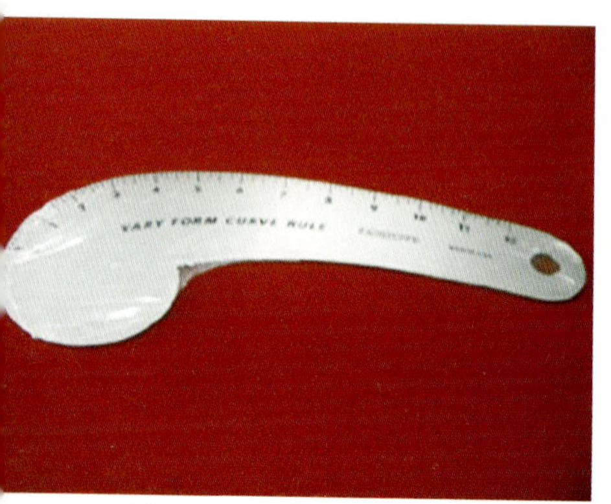
图1-65 弯尺等工具

节里详细论述。创作时期还可以用到电脑做效果图辅助，电脑可以模拟各种面料和肌理效果，同时也可以进行各种色彩调整。

3. 后期处理工具

一些设计者画完款式图就给制版师，其实对于设计作品的感觉，只有设计者自己才能够把握到位，因此，相关的制版工具、直尺、弯尺等，也是后期不可缺少的。缝制工艺同样如此，因此，缝纫机、手缝针、珠针等也是必不可少的（见图1-62～图1-65）。

工具仅仅是让设计者的工作更为快捷，毕竟它代替不了设计者的思想和创意，因此，脑海中的知识沉淀、灵感收集、创意才是一个服装设计师最重要的部分。

本章思考与练习

1. 讨论：通过收集资料，对比唐宋时期服装的变化，找出其变化的依据和原因。

2. 练习：收集现在服饰中具有中国传统特色的款式并具体说明特点。

3. 练习：整理洛可可时期的服装特点并收集其在现在服装上的运用。

第2章 服装设计的基本造型要素

第2章 服装设计的基本造型要素

第一节　服装设计的基本造型要素

服装的设计表现，是运用具体的点、线、面、体的要素成分，在局部与整体样式组织过程中，进行不同的设置添加形成的。

◎ 一、点

点在服装中的设计主要表现为：扣饰、花饰、结饰、珠饰、花色图案等装饰形式。点在服装上的位置，明显表现出一定的形量作用，其形量中的形状大小，直接关系到衣款造型上的平衡与变化的视觉效果。

在服装设计中，最常用的“点”的装饰是纽扣，它兼具了功能和美的需要。扣“点”的大小及数量的选择，多是根据设计的构想和需要加以控制的。一般形状大的扣“点”数量应少些，以适当增加强调点缀的感觉，否则就会过多过显；形状小的扣“点”数量可稍多些，使其形成系列的规模而加强在服装上的形量比例，不然就会过隐而缺乏“点”饰的效用。

服装中各类装饰和配饰的“点”的组织排列，也是影响设计表达的重要方面。不同方向和结构的饰“点”排列，特别容易获得舒畅的韵律感，使设计更加生动。饰“点”的间距与形成设计所需韵律感的强弱有直接关系，间距短的显得紧凑、律动感强；间距长的显得松散、律动感弱。服装上的单列饰“点”（如单排扣的设置）呈“虚线”状，具有很强的韵律感，是经常采用的表现手法。多个饰“点”纵横交错的网格排列，有着“面”的感觉，容易形成在变化中求稳定的效果。

例如图2−1中是anna sui 2008 春夏发布服装款式，高腰裤上双排扣的“点”性装饰，强调了高腰的位置，起到强化设计的作用。图2−2中的服装由anna sui 2008春夏发布，超低开胸的设计，用圆形的“点”起强调装饰的作用。图2−3中的点状的服装配饰作为整体搭配的装饰，突出了民族风格。

服装上的饰“点”还常常通过形状或图形的变化来推出新式

图2-1 高腰裤上双排扣点饰

图2-2 门襟处点的装饰

图2-3 点饰突出民族风格

样。如将各种抽象或具象形状的扣子和图案用于衣款的装饰，构成新颖别致的设计表现。服装设计中的“点”的表现运用是多种多样的，其目的在于点缀和活跃衣着式样，增加美感，但过多的饰用，则会减低“点”的精彩程度。因此，设计的恰到好处应该是“点到为止”（见图2-4～图2-8）。

图2-4 点饰在各个位置的运用

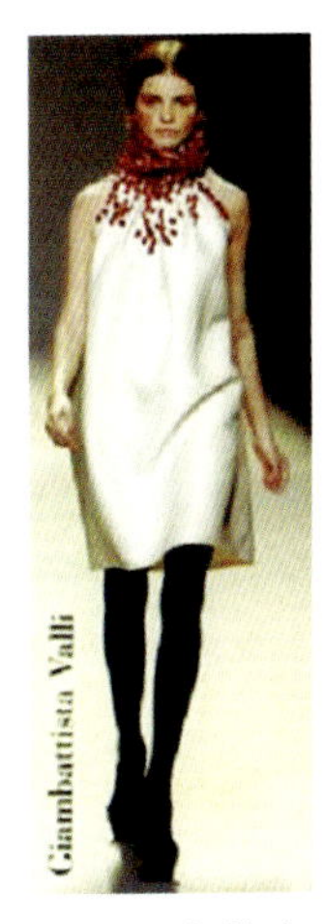

图2-5 点饰在颈部的运用

图2-6 点状风格面料的使用

图2-7 门襟处点饰装饰

图2-8 点饰风格面料

◎二、线

服装的结构、分割、缝缉、廓型、衣褶都体现出“线”的特征，其中，因宽窄变化形成的粗线、细线和因方向变化形成的直线、曲线的不同设置，会造成衣款形样的变化出新。线在服装上的运用，不但要考虑着衣人体的结构机能和功用效果的需求，而且要根据造型设计上的艺术化与个性化的表现需求。服装中的线主要是以外形线和内形线的形式来表现的。

1．外形线

外形线为与人体的肩、胸、臂、腰、臀等部分接壤相依组成的衣装形廓，如设计师们创造的H型、X型、A型、Y型等一系列的衣廓线形，都标志着某一时期的时尚的穿着风格。服装的线廓变化，还经常受客观的人体形态和主观的视觉意识的影响，多呈现渐缓谨慎和循环往复的推进态势。

图2-9 内形线分割　图2-10 线的体现

2．内形线

内形线是由服装的领、门襟、衣袋、结构、分割、缝缉、饰褶等部分构成的衣款内部线形，比颇受限制的衣廓外形线更易于在式样的变动中发挥作用，一些新颖的设计产生恰恰是由各种线的不同放置实现的。

如图2-9是2007年chanel秋冬发布的服装，该服装展现了经典的chanel套装内形线的分割。在图2-10中，肩带的装饰和衣身的流苏装饰都是线在服装中的体现。

图2-11 柔软的线　图2-12 流动的线

线所具有的粗细、长短、方向的特性，是形成衣款变化的重要原因。一般情况下，细长的线显得“纤柔”，粗短的线显得“坚硬”。在方向不同的直线曲线中，显然直线存有“挺拔有力”的感觉，曲线含有“柔和生动”的感觉。在直线的分类中，竖线的率直、横线的平衡、斜线的活泼意味也是明显的，而各种曲度不同的线，则分别具有缓慢、急剧、流畅、柔顺之感。直线的性质使其多用于男装的设计上，以表现男性粗犷的阳刚之气，曲线的性质多用来装饰女装，以显示女性细腻的纤柔之美。直线与曲线的相交组合是衣装款式中较为常见的表现形式，曲线交于直线、曲线过渡到直线的构成，通常能使服装造成既变化又统一的感觉。一些类似腰带、彩条、垂缀、挂饰、流苏等长短粗细不一的“饰线”，也都是构成衣装表现的重要因素（见图2-11～图2-21）。

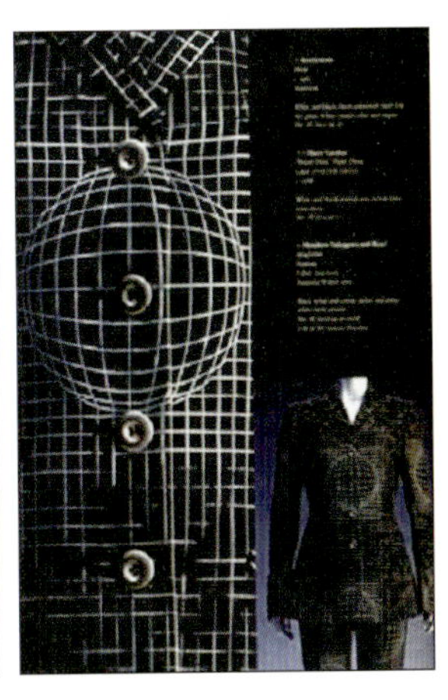

图2-13	图2-14	图2-15	图2-16
图2-17	图2-18	图2-19	
图2-20	图2-21		

图2-13 线的体现
图2-14 流苏作为线具有装饰作用
图2-15 用线来构成服装
图2-16 线形成立体感
图2-17 线的体现
图2-18 2008年zero品牌服装发布的面料图案上线的设计
图2-19 外形线设计
图2-20 外形线设计
图2-21 具有特色的外形线

图2-22 线的设计

图2-22～图2-28是2008年巴伦夏加发布的春夏成衣系列。外形线和内形线的结合，突出了以中国旗袍为灵感的设计点。

图2-23	图2-24	图2-25
图2-26	图2-27	图2-28

图2-23 外形线设计
图2-24 线在面料上的体现
图2-25 流苏作为线的表现
图2-26 内形线的设计
图2-27 内形线的设计
图2-28 内形线的设计

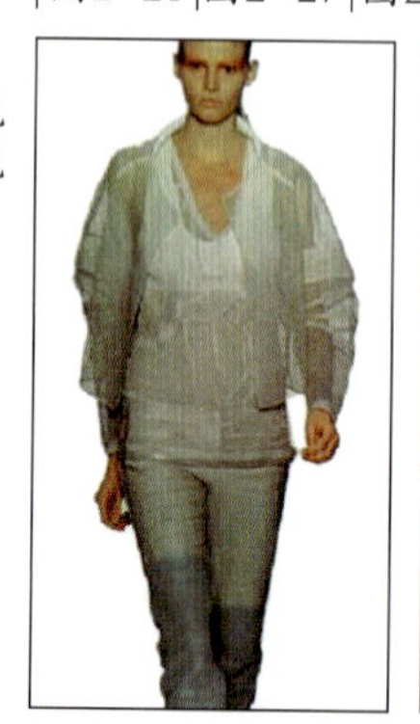

◎ 三、面

服装中的面实际是通过具体的领、袖、口袋、衣身、结构、分割等来体现的，各种线形、色彩、质地的组合形成款式各异的衣装设计(见图2–29见图图2–36)。

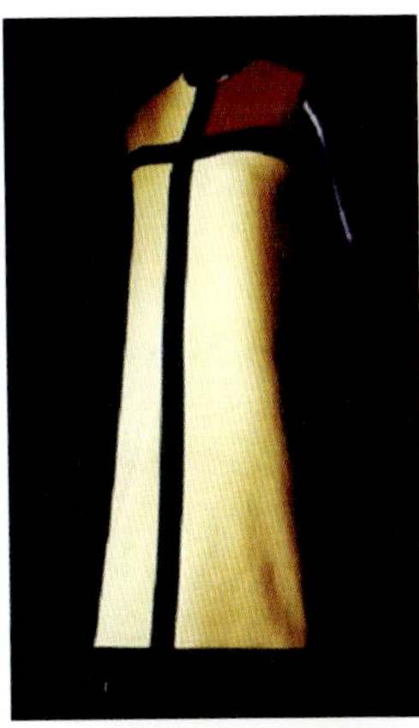

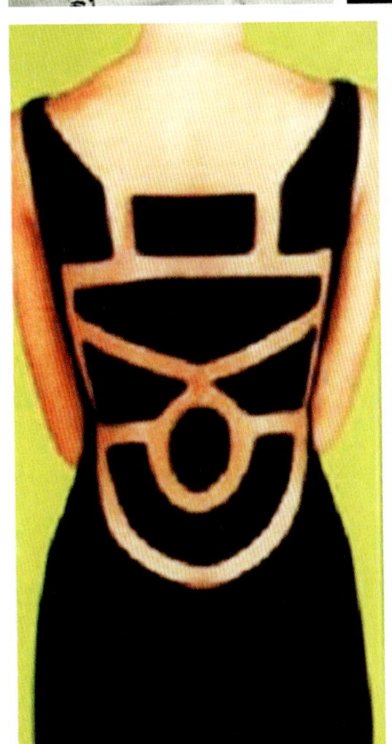

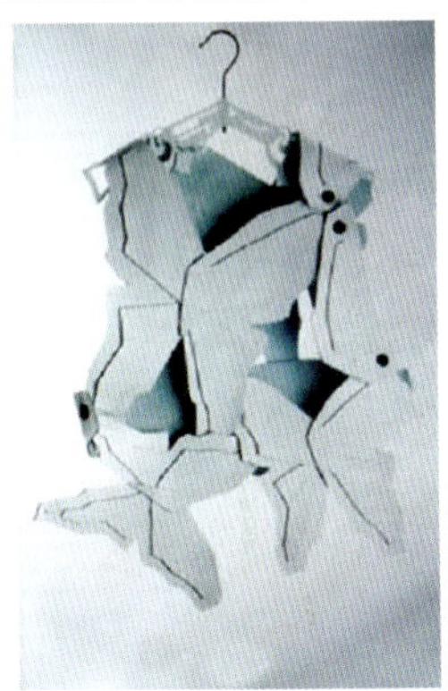

图2–29	图2–30	图2–31	图2–32
图2–33	图2–34	图2–35	图2–36

图2–29 分割的面
图2–30 分割的面
图2–31 面的分割
图2–32 面的对比
图2–33 面形成的图案
图2–34 面形成的图案
图2–35 面的构成
图2–36 面组成服装

◎ 四、体

服装的体可以说是由“整体”和“个体”的部分组成。所谓整体，是指整个衣装的形态；所谓个体，是指衣装局部的形态。各类的整体与个体在一定的比例、对比、协调的原则把握下，运用翻转、皱褶、裁剪、系结、缝纫等制作方式，便能做成式样不凡的服装体。褶饰是服装体的重要表现形式，在用于整体与局部的设置中，横向、竖向、斜向、曲向的顺褶、捏褶、自然褶等的排列，就制成了优雅别致的衣装特色。利用衣装表面特制的带有“肌理浮雕”感的体，也能形成设计上的新颖美观，比如，沿着横、竖、斜、折、曲的方向交叉或并行排置的绗缝、饰缝、钉扣、层褶、饰结等形式的装饰。另外，还可用不同的连接、切割、搭接、穿插的手段，缝制具有独特视觉感受的服装样式(见图2–37～图2–44)。

图2–37	图2–38	图2–39	
图2–40	图2–41	图2–42	图2–43
图2–44			

图2–37　服装整体形态
图2–38　服装整体形态
图2–39　服装个体形态
图2–40　具有浮雕效果的体
图2–41　具有浮雕效果的体
图2–42　服装中体的表现
图2–43　服装中体的表现
图2–44　服装中体的表现

第二节　服装设计的基本廓形要素

服装的形态受制于人的生物性及社会性的功用要求，体形、习俗、时尚、信仰、美感、穿用等因素都对其构成影响。建筑、器具等形态的外部造型余地要更大些，所用的硬性坚固材料，使其有较多的想象空间和设计选择。服装形态因完全依附于人体的性质以及软性材料，制作其形廓的“拓展”只能是一种非常有限的“外延”变化。具体的服装形态，应是概括的形廓和多变的结构组成的设计表现，即所谓“外形”与“内形”的组合，不断在“繁”的添加和“简”的提炼中变换成型。

服装的形态可分为外形、内形及内外形结合的设计系列，通过一定的点、线、面、体的要素组合，运用有关比例、对比、协调的原理把握来形成。

服装的外形轮廓，一般是沿着人的体形伸展而成的。具体的肩、颈、胸、臂、腰、胯、臀、腿、膝等组建的人体曲面关系，面料材质的硬软程度以及工艺制作上的衬垫、省道、打褶等不同手法的运用，明显使服装的衣廓在支撑与收缩的塑造中，表现出诸如简单或复杂的穿着外形。

我们预测和研究服装流行趋势常常提到的“廓型”正是指服装的外轮廓。服装外轮廓变化具有时代特征，纵观服装的历史潮流，服装的外轮廓是区别服装潮流的标志。因此设计者在创作时，对服装造型的塑造，首先应该抓住时代潮流，把握住服装的外轮廓。

◎ 一、简单外形

简单的服装外形基本由单纯的直线及曲线来组成，服装外轮廓造型中最具代表性的是以字母型和物态型表现的。

1．字母型

字母型表示法，就是以字母形态特征表示服装造型特点。最基本的廓型可概括为：A型、Y型、T 型、O型、V型、H型等。

(1) A型。英文称为 A-line，是由著名的设计师克里斯汀·迪奥于 1955 年推出的春夏装设计主题，它是以英文“A”这个字母的轮廓外形来表现服装的轮廓线条。A型外形曾在20世纪50年代里在全世界风靡一时，它具有活泼、潇洒、富有青春活力等性格特点，也被称为年轻的外形。A型外形被广泛地用于大

图2-45 A型裙　　图2-46 A型裙

图2-47 Y型上衣

衣、连衣裙的设计中。图2-45、图2-46是迪奥设计的梯形裙，呈现出A型的外形线，强调表现年轻的感觉。

（2）Y型。肩部打开、下摆收紧是Y型的主要特征，上体倒三角式的造型具有一定的不稳定因素，因而更具动感。轻盈活泼的Y型与庞大富丽的A型在造型与服饰风格上都形成了鲜明的对比。

（3）T型。其特点是夸张肩部，收敛下摆，形成上宽下窄的效果，是具有男性体态特征的外形线，形似字母T。由于对肩部的夸张，使得整个线条充满了大方、洒脱的气氛。第二次世界大战后曾作为军服变体的T型外形服装在欧洲妇女中流行过。皮尔·卡丹（Pierre Cardin）将几何型运用于服装，使服装呈现出很强的立体造型和装饰性，是对T型的新诠释（见图2-48、图2-49）。

图2-48 T型服装

图2-49 T型服装

(4) O型。一般在肩、腰、下摆等处无明显的棱角和大幅度的变化，丰满圆润、丰厚休闲，给人以亲切柔和的自然感觉（见图2-50～图2-53）。

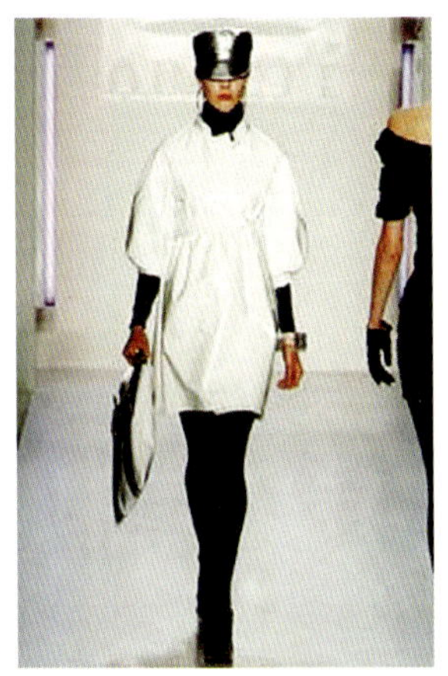

图2-50	图2-51
图2-52	图2-53

图2-50 O型服装
图2-51 O型服装
图2-52 O型服装
图2-53 O型服装

(5) V型。在欧洲服装史中，为了强调男性身躯的结实，而在胸前、肩头塞进填充物的情况曾多次出现，当时服装肩部平直、宽厚的造型正是V型的典型特征。V型通常用于男装设计，尤其是威武的军装设计。在女装男性化的潮流中，夸张的肩部也成为流行的时尚。随着当今社会职业女性人数的骤增，干练的职业装也以V型为主要造型。图2-54是2007年秋冬，在chirstian dior高级时装发布会上，设计师约翰·加利亚诺对复古的V型外形的重新演绎。

图2-54 V型服装

(6) H型。以不夸张的肩部，不收

图2-55 | 图2-56 | 图2-57

图2-55 H型服装
图2-56 H型服装
图2-57 H型服装

紧腰部，不夸张下摆，形成类似直筒的外形，似字母H。它具有修长、简约、安详、庄重的特点。H型外形1954年由迪奥推出，1957年又一次被法国时装设计大师巴伦夏加再次推出，被称为“布袋形”，60年代风靡于世，80年代初再度流行。由于H型线条的简洁、流畅，在男女外型中常被采用（图2-55～图2-57）。

2. 物态型

像一些类似瓶形、纺锤形的造型，也是衣款设计常用的表达形态。在各式服装的塑造中，恰当地选用各种简练明确的廓形，非常易于形成衣款的设计变化。图2-58～图2-60是2007年Givenchy秋冬服装发布的物态型服装。

图2-58 | 图2-59 | 图2-60

图2-58 物态型服装
图2-59 物态型服装
图2-60 物态型服装

◎ 二、复杂外形

复杂的服装外形多具有夸张变形的特点，是以各种直线、曲线的不同组合形成的不完全依据人的体形的穿着设计，主要有下列复杂外形的衣廓种类。

1. 直线型系列

直线型系列利用长短不同横向、竖向、斜向的直线造型构成的各种衣廓设计，可显出新颖特别、富有力度的衣装风格（图2-61）。

2. 曲线型系列

曲线的柔和圆润特点，容易形成有着细柔温情的服装外形。如以曲线为主的服装外形，便会产生出“包装”人体的奇异衣款。

图2-61 直线型服装

图2-63 曲线型服装

基本要素设计是服装设计之根本，是设计思维开始的第一步，只有掌握好服装设计的基本要素，才可以一步步地深入下去，正确地表达自己的思维和创意，达到设计的目的（图2-62～图2-64）。

图2-62 曲线型服装

图2-64 曲线型服装

本章思考与练习

1．寻找一款基本款服装，在上面进行点、线、面、体的修改变化，寻找不同部位、不同间距的点线面体设计变化风格。

2．在近期发布会的服装中收集具有简单外形的服装并进行分析。

3．在近期发布的时装中收集具有复杂外形的服装并进行分析。

4．分析简单外形和复杂外形的各自风格。

第3章 服装设计的基本要素

第3章 服装设计的基本要素

第一节 服装款式细节设计

服装款式细节设计主要是指服装的局部造型设计，是对服装廓型以内的各零部件的边缘形状以及内部结构的设计，款式细节设计的范围包括领子、袖子、口袋、门襟等零部件及服装上的分割线、省道线、褶皱等内部结构的设计。服装款式细节设计在满足服装穿用者功能性需要的同时，也要使其符合相应的形式美法则，因为许多细节的设计能够体现出时代流行的元素以及设计者的创新意识。

图3-1 花瓣般衣领

◎ 一、衣领的设计

衣领接近于人的头部，最容易成为视线的集中点。衣领的设计不仅可以修饰人的脸部气质，同时也能够为服装整体的风格起到点睛的作用，因此衣领设计的形式变化最多，同时也是服装中最重要的设计部位。

衣领的设计根据结构可以分为无领、立领、翻领、驳领。女装中的领形设计比较丰富，可以利用造型设计和装饰设计的手法来进行款式上的细节丰富，图3-1中将领面如同花瓣的外形感觉进行夸张的造型设计，而图3-2中就是采取了在领口的周围镶上珠片来进行装饰设计。男装中的领形设计因受到男装自身的特点和历史文化沉淀的影响，变化比较小，通过对领形尺寸的细小的变化可以设计出不同款式的领形。除了上述所提到的设计方法以外，总的来讲衣领的设计具体地还要考虑到以下几个主要的因素：

图3-2 镶珠片的衣领

第一，衣领的设计要适应服装风格，服装整体的风格会决定衣领的设计，特别是领子的外廓形的设计，如图3–3中的这款风衣，整体的风格大气，男性特征强，那么衣领的外形设计就采用大的直线条设计。而图3–4中服装的领形设计为了配合整体的柔美风格就采用大量的曲线设计。

第二，衣领的设计要符合流行趋势，要在流行中求变化，在变化中适应流行。“小丑领”是2008年春夏女装款式细节设计中趋势之一，图3–5是纽约服装设计师Viktor和Rolf的设计，作品中正好体现了这一流行趋势。

图3–3 直线条衣领设计

图3–4 曲线条衣领设计

图3–5 纽约服装设计师Viktor&Rolf 2008春夏作品

第三，衣领的设计要适合人体的需要，通常情况下衣领的设计要参照人体颈部的四个基准点——颈前中点、颈后中点、颈侧点、肩端点（见图3–6）。在进行衣领设计时，除了考虑到这四个基本点以外，还要考虑到人体的头部、脸形、颈、肩部等体态特征，甚至还要考虑到穿着者的气质。

第四，衣领的设计要与面料相协调，面料的厚薄会对领子的造型产生一定的影响，图3–7中的领形就不宜用太硬的面料来制作。一般的情况下，衣领的选材会与衣服的面料相统一，但有时根据设计的需要，也可以选用其他的面料或颜色来丰富款式细节。图3–8中的领形在颜色和材料上都与衣服上的面料不同，这

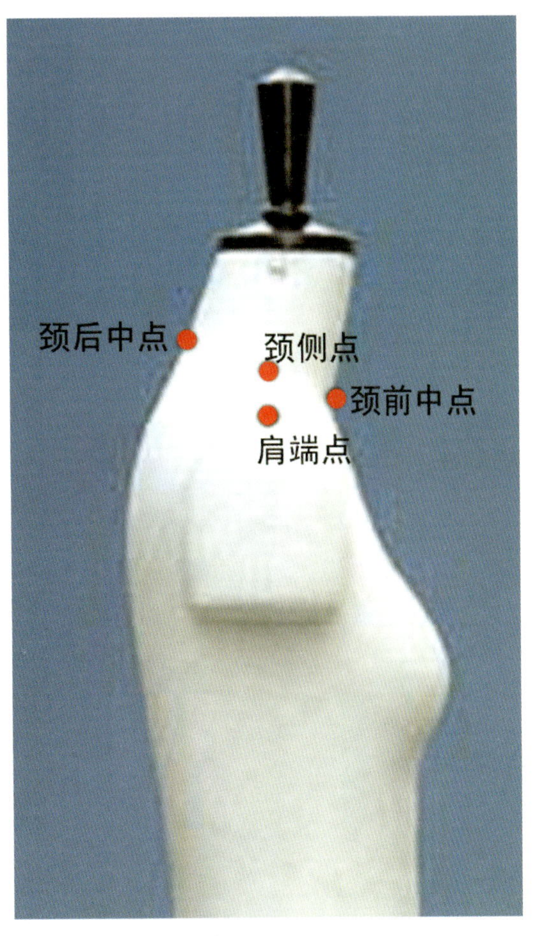

图3–6 颈部的四个基准点

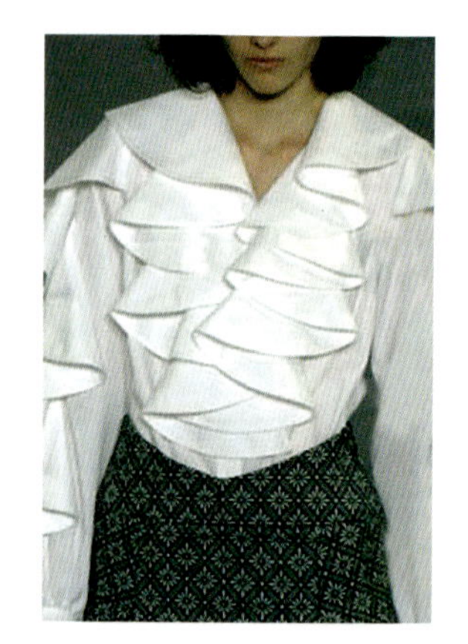

图3-7 柔软的衣领面料

图3-8 与正身材质不同的衣领设计

在一些较前卫或休闲运动的服装设计中运用得较多。

◎ 二、衣袖的设计

衣袖是人体上肢活动最频繁、活动幅度最大的部分，因此在款式细节设计当中袖子和领子的设计同样重要。袖子按结构分类可以归纳为无袖、连袖、装袖和插袖四个主要类型。

袖子设计得合理可以让穿着者感到无比的舒适，甚至还可以修饰人体肩部，在进行衣袖设计时可以从立体意识角度来考虑——想象下衣袖包裹的是一个不规则的圆柱体，即手臂，可以从袖山、袖身、袖口三个结构部分来入手，使设计的衣袖能精确贴附手臂上。衣袖设计主要分为袖山设计、袖身设计、袖口设计三个部分，对这三个部分的设计还可以从外观的形式美感上来着手设计。图3-9的一组图片就是从袖子的外观结构造型上进行夸张设计；而图3-10的一组图片是从装饰设计的角度来进行的设计，如绣花、抽褶、拼接等设计手法。另外在童装设计当中就要注意不宜有过多繁复的装饰，以免对儿童的身体造成伤害。

◎ 三、衣袋的设计

衣袋又称为口袋和“兜”，相对于衣领和衣袖来讲，衣袋

图3-9 袖子的外观设计

图3-10 袖子的装饰设计

算是比较小的部件。但在整体服装上有着功能作用和装饰作用。根据衣服口袋的结构特点，主要可以分为贴袋、插袋和暗袋三种。

衣袋虽小，其实用价值却占主要位置。在设计时也从这两个方面来进行。从实用的角度来设计时，除考虑到存放物品的大小与衣袋尺寸的关系外，还要考虑到衣袋在服装中位置的高低，一定要便于人手放置的角度和高度，图3-11中就详细概括出适合衣袋设计的高低部位。 从装饰的角度来设计时，根据需要，有时衣袋在服装中只有装饰性没有实用性，有时既有装饰性又有实用性。衣袋的装饰风格要和整体服装的风格相协调，主要是指衣袋与衣领、衣袖和其他衣袋之间，在外形、色彩、面料上都要服从于服装整体的风格造型。图3-12中服装的口袋为了配合整体服装的风格，在颜色上选用黑色，材料上选用和领子、袖子相呼应的皮制面料。衣袋装饰设计可以从袋盖、袋口、袋身、袋底、袋位的细节处进行外观造型变化设计，也可以通过分割、褶皱、添加装饰性的辅料等手法来丰富细节设计。图3-13中的服装在口袋外形上做了圆弧形的设计，在口袋边缘处有嵌色边或袋面上镶珠片。

图3-11 衣袋的部位

图3-12 衣袋的整体风格设计

图3-13 衣袋设计的装饰性

◎ 四、门襟设计

门襟可谓是服装的“门面”，人体在穿脱服装时都要使用门襟，因此门襟的重要性不言而喻。按造型形式可以分为对称式门襟和非对称式门襟，对称式门襟是以门襟线为中心轴，服装前片的左右两片完全对称，是最常用的一种门襟形式，如常穿用的衬衫、西装都使用这类的门襟（见图3-14），非对称式门襟是门襟线离开中心线而偏向一侧，形成不对称的效果，在民族服装和前卫服装设计中用得比较多（见图3-15）。

图3- 14 对称式门襟

图3-15 非对称式门襟

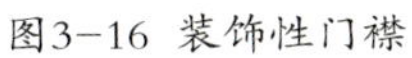
图3-16 装饰性门襟

图3-17 不同位置的门襟设计

在门襟的设计中其实用功能占首位，设计时一定要考虑到穿脱的方便。当然门襟的设计并不单纯是功能性上的设计，也可以在门襟的辅料上来做文章。这些辅料主要是起到连接闭合门襟的作用，如拉链、纽扣、粘扣以及绳带等辅料。图3-16中的腰带和纽扣不仅具有连接服装的实用性同时也具有装饰效果。另外还可以通过改变门襟在服装中开口的位置来作为设计的亮点（见图3-17）。

门襟的设计还可以通过装饰工艺的手法来丰富，比如镶边、刺绣、嵌条、镂空等手法（见图3-18）。这些设计在一些针织衫、礼服的设计中运用得比较多。

图3-18 采用装饰工艺的门襟设计

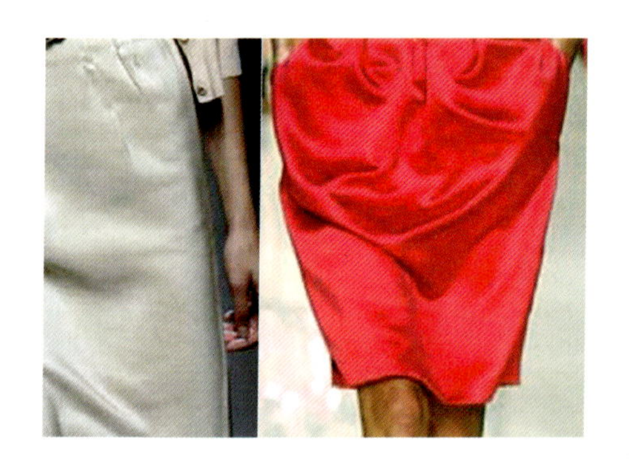

图3-19 | 图3-20
图3-21
图3-22
图3-23

图3-19 具有X型特点的腰节设计
图3-20 腰节设计
图3-21 腰头设计
图3-22 腰节设计
图3-23 腰头设计

◎ 五、腰部设计

腰部设计主要包括腰节设计和腰头设计。腰节设计是指上装或上下相连接服装腰部细节的设计。腰节设计不仅能体现出人体结构特征，同时会使服装形成不同的风格，例如女装款式中就比较强调收腰的设计，以此来强调女性化的特征（见图3-19）。腰头是与下装直接连接的下装部件，是下装设计的重要部件之一。腰头按高低分类可以分为高腰设计、中腰设计、低腰设计，按是否与裤片连接又可以分为无腰设计和上腰设计。

腰部的设计也可以从款式结构设计和装饰设计上来入手，从款式结构上来设计，可以结合服装的流行及风格的要求来选用不同的腰部设计。图3-20是有关腰节的设计，根据2008年流行的“布袋装”和褶的设计，设计师采用了宽松低腰设计，在腰间加以抽褶来丰富款式；图3-21中是有关腰头的设计，同样也采用了褶的设计。

从装饰工艺上来入手，腰节的设计可以通过添加扣袢、腰带等辅料配件来丰富款式的细节（见图3-22）。但在设计时要考虑到穿着对象，如中年女装设计，就不适合在腰部的设计有过多的装饰，一旦这样反而会突出其缺点。而腰节的设计可通过分割、镶边、刺绣、压色线等手法来进行装饰性的设计（见图3-23），这在裙装的设计中运用得较多。但是在日常实用装中大多数的情况下，穿着时腰头多是被覆盖在衣服里面，考虑到穿脱方便和生产成本的需要，有时不宜设计得过于复杂。

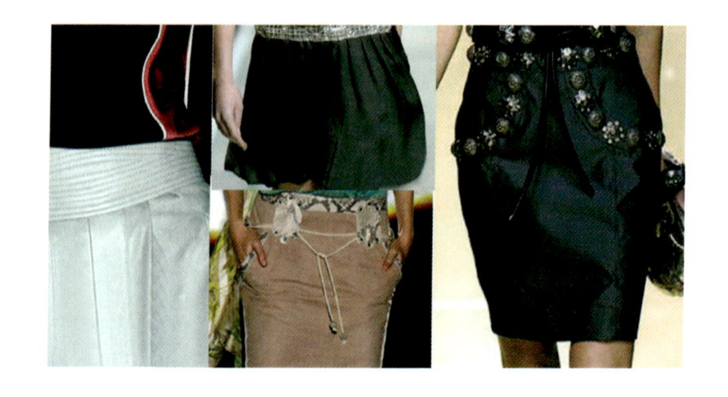

◎ 六、下摆设计

下摆又称为底摆，无论是上衣还是裙裤都有底摆，它的变化也直接影响到服装整体的效果。对于下摆的设计可以通过不对称的设计、卷边、拷边、贴花边、印花等方法来进行丰富。图3–24中的服装就在底摆处采用填充和不对称褶的设计，而图3–25中服装底摆则采用印花、镶珠片、嵌条的设计，以突出其装饰性。

图3–24 填充和层叠的底摆设计

图3–25 装饰性底摆设计

◎ 七、其他设计

以上介绍的都是服装中几个主要的部件的设计，但从服装整体的效果和视觉角度来看，还包括服装侧面和背面的细节设计，这也是不容忽视的，甚至还会给服装整体的效果增添许多趣味。图3–26中的一组图是有关服装侧面的设计，图3–27中的一组图是有关服装背面的设计。

图3–26 服装侧面设计

图3–27 服装背面设计

第二节 服装结构线的设计

服装结构线是指构成服装整体形态的线，是体现服装各部位的分割和组合线条的总称。使用服装结构线的目的是将平面的面料裁片转化为立体服装，各个部位结构要有合理性，使人体穿着后感到舒适和便于活动，同时也可以起到美化人体的作用，因此服装上的结构线具有合体性和塑形性。

◎ 一、各服装结构线的功能特性

服装结构线根据不同的材料和人体的要求主要可以分为省道线、分割线、褶。在使用结构线进行设计的开始，必须要先了解每条结构线的功能特性。

省道线是为了塑造服装合体性而采用的一种塑形的手法。依据人体的起伏变化的需要，将披在人体上多余的面料省去，使衣服更加称身合体，其外形呈三角状，省向内折，一般隐藏于暗部。省道按人体部位的分类可以分为胸省、背省、腰省、臀省、腹省、肘省等。

分割线又叫开刀线，分割线与省道线的不同是在于分割线是依据服装造型的设计需要将衣片分割成几个部分，然后再缝合成衣，使其美观适体。但分割线所呈现出来的“美观适体”要从两个方面去理解，分割线通常被分为装饰分割线和结构分割线，根据造型使用目的的不同所呈现出来的外形效果也是不同的。图3–28上的分割线是顺应人体的需要而进行分割，使服装的外型结构符合人体实际的穿着需要，而图3–29中的图片上可以看出分割线可以改变人体的一般形态从而塑造出一种新的、带有强烈个性的外形形态，是为了符合设计者思维理念的需要。

褶是将服装中的面料折叠缝制成多种形态的线状，既适合人体结构的需要同时也具有美化服装的作用。褶与省道的不同在于省道是缝合固定的，而褶是静态时收拢，动态时张开，而且省要比褶合体，但褶的变化比省要丰富和更具有立体感。根据形成手法和方式分类，可以分为自然褶和人工褶两种（见图3–30、图3–31）。

图3–28 功能性结构线设计

图3–29 装饰性结构线设计

图3–30 自然褶

图3–31 人工褶

◎ 二、服装结构线的设计应用的要点

各种服装结构线虽有各自的功能特性，但在设计应用时必须要注意以下几点要素：

第一，根据不同的风格和设计者的要求，结构线设计一定要适应人体结构的需要，不要一味追求服装外观的效果，而忽略人体自身需求。比如在西方的18世纪，由于人们追求纤细的腰身，在穿着上过分地收紧腰部，最后使很多女性因身体内部组织挤压变形，最终导致死亡。

第二，服装结构线的应用要考虑到面料的性能，如夏天雪纺类的面料质地太薄，若用分割线太多，拼缝缝头会露出来，影响服装的外观效果。面料太厚重坚硬，不适合做抽褶的设计，应使用轻薄的面料（见图3-32），因此设计时要先考虑面料性能是否适宜。另外，衣料上若有规则清晰的图案或条纹，结构线设计上也要特别谨慎，一旦设计不当，就会破坏衣料本身特有的美感，也会影响服装的外观（见图3-33）。

第三，在设计时，服装结构线的设计既要具有功能性，同时还要有形式美感，这在一些前卫的服装设计中运用得比较多。图3-34中的服装通过褶的设计强调下摆，在裤子上通过不同材质面料的拼接来体现分割设计，同时也美化了人体。

图3-32	图3-33	图3-34
图3-35		

图3-32 选用较薄的面料做褶的设计
图3-33 设计师通过用镶黑色皮边在条纹面料上做分割设计
图3-34 具有功能性和装饰性的结构线设计
图3-35 以褶的形式完成的礼服

第三节 服饰图案设计

◎ 一、服饰图案的概念和构成形式

服饰图案是服装及其配件上具有一定图案结构规律，经过抽象、变化等方法而规则化、定型化的装饰图形和纹样。服饰图案不仅可以在服装中起到装饰作用，还可以较为直观地表达设计者的设计思想和情感，是服装设计不可缺少的艺术表现语言。服饰图案属于平面图案范畴，按构成形式可以分为单独图案和连续式图案两大类。

1. 单独服饰图案

单独服饰图案是指独立存在的装饰图案，可以分为自由服饰图案和适合服饰图案。自由服饰图案指不受外形轮廓的约束，可自由处理的独立图案，图3-36为自由式的人物图案。而适合服饰图案是图案必须与一定的外形轮廓相吻合的图案形式，如圆形、三角形、方形、菱形及某些自然物质的外形，图3-37为适合式动物图案。

图3-36 自由式单独纹样

图3-37 适合式单独纹样

2. 连续式服饰图案

连续式服饰图案是运用一个或几个单位的装饰元素组成单位纹样，依据一定的格式，作规则的或不规则的连续排列所形成的构成形式。连续式服饰图案按其连接形式可以分为二方连续、四方连续。

二方连续是运用一个或几个装饰单位的元素组成的单位纹

样，进行上下或左右重复组合而成的图案，形状呈带状连续形式，图3-38中是以蝴蝶为单位纹样组成的二方连续图案。四方连续是运用一个或几个装饰元素组成的基本单位纹样，在一定的空间内，进行上下左右四个方向反复排列，并无限扩展的纹样，如图3-39所示。

图3-39 四方连续

图3-38 二方连续

◎ 二、服饰图案的表现手段

服饰图案按构成空间来分可以分为平面和立体两种形式，平面式的服饰图案是以二维空间的平面物为主体，例如在面料图案的设计、广告宣传画上的图案设计等都是属于二维平面式的图案；而立体式的服饰图案是以三维空间的立体物为主体，特别是现如今许多服装图案的工艺制作越来越趋向于立体化，如图3-40和图3-41中的服装上的图案制作都比较有立体感，比常规的图案制作更加具有视觉效果。

图3-40

图3-41

服饰图案的表现手段是多种多样的，随工业技术的发展，服饰制作工艺不断更新，服饰图案的表现技法也将会得到更大的丰富和发展。作为一名优秀的服装设计师，必须清楚地了解各种的图案表现手段，根据不同的流行主题风格、服装款式类型、表现意图，选择相适应的表现技法，可以使设计的作品达到较好的视觉艺术效果。

1. 在平面中的表现

服饰图案从平面的角度来表现的技法有很多种，主要有点的表现技法、线的表现技法、面的表现技法、渲染和退晕的表现技法、喷绘的表现技法、油画棒的表现技法、蜡笔或彩色铅笔的表现技法等，每个技法所呈现出来的图案效果也是不一样的，设计者可根据风格需要来采用不同的方法。当然，也可以将两种不同的表现技法同时运用在一张图案的效果上，如图3-42中在背景上采用干刷法，用亮片作为点的形式，人物图案则用面的形式来表现。

图3-42

今天，随着科学技术的发展，电脑绘图软件已经成为用来表现画面效果的必不可少的工具，服饰图案的表现也可以通过电脑绘图软件来进行处理，常用的电脑绘图软件有Photoshop、Illustrator、CorelDRAW，图3-43和图3-44中

图3-43 T恤服饰图案

图3-44 有利于印染的服饰图案

的图案以及在服装上的表现效果都是用电脑绘图的形式来完成的，使设计作品的呈现更加逼真，也便于后阶段的实际制作。

2. 在服装中的表现

(1) 印花。它是运用辊筒、圆网和丝网版等设备，将色浆或涂料直接印在面料或衣料上面的一种图案制作方式。从工具的使用上来分，主要可以分为辊筒印和丝网印两种，此外还有金银粘印花、发泡印花、起绒印花和喷色印花等。印花的表现手段在一些运动和休闲类型的服装中运用比较多，如图3-45所示。

图3-45 银粘印花的服装图案

图3-46 渐变的染色效果

图3-47 黔南地区的苗族以彩色蜡染和刺绣做成的衣物

(2) 染色。在人类早期就学会用染色对服装进行加工，染的工艺有很多，常见的有扎染、蜡染和夹染（见图3-46、图3-47）。

(3) 刺绣。它是一种非常传统的图案表现手段，即在要加工的面料上，以针引线，按设定好的图形在上面用一根或一根以上的缝线，并采用自连、互连、交织而形成图案的方法。随着电脑绣花和机器绣花的出现，使得传统的手工刺绣在很大程度上得到继承和发扬。在服饰图案设计当中，较为常见的有彩绣、包梗绣、贴布绣、抽纱绣、钉线绣、十字绣等（见图3-48、图3-49）。

图3- 48 贴布绣

图3-49 链绣

(4) 绘。它是一种可用画笔和染料直接在服装上面进行图案创作的方法。绘的方式灵活多样具有较强的艺术感染力，适合于小批量生产的需要，如图3-50中服装上绘的蝴蝶图案。

(5) 织。它是通过纱线的经线和纬线交织编排而形成的装饰纹样，具有较强的机理和结构变化，可以分为手工编织和机械编织两种(见图3-51、图3-52)。

图3-50 手绘图案

图3-51 手工编织图案

图3-52 机械编织图案

(6) 缀。它用“立体”饰品来表现服饰中的图案，具有空间立体感和动感。常见的缀饰有珠片、流苏、花结、金属缀饰、挂饰等，可以根据服饰图案的风格、材质和色彩来选择相应的缀饰来装饰(见图3-53、图3-54)。

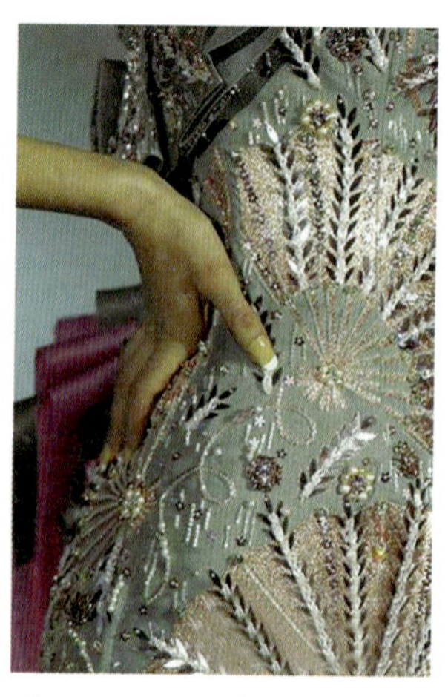
图3-53 缀以珠片和亮管装饰

图3-54 胸前的领口下面缀以各种花饰来装饰

(7) 镂空。它是在完整的面料上，根据设计的需要将部分图案进行挖空处理，通过人体肌肤的色彩和其他面料的色彩进行对比、映托的效果而形成的镂空图案。镂空图案的镂空表现可以通过激光裁剪或编织等方法来表现，手工镂空也可以，但要选择不易虚边的面料，如皮革面料(见图3-55、图3-56)。

图3-55 镂空的衬衣款式

图3-56 大面积镂空的运用

(8) 拼。它是将块面的织物或非织物按一定的组织形态拼接或贴的方式运用在服装上的一种装饰方法。拼接可使服饰图案有较强的肌理效果，设计师可以将不同色彩、材质的织物对服饰品进行图案拼接创作，具有很大的表现空间。拼接图案的织物可以根据设计的需要将毛缝藏起来或将毛缝外露(见图3-57、图3-58)。

图3-57 各种针织布片拼接在一起来装饰

图5-58 将布剪成统一的形状,按不同的颜色拼接在一起

(9) 添。添是通过饰品和配件将自身的图案形式美添加在服饰品上进行装饰的一种表现手段，常见的饰品和配件有项链、手链、胸针、腰带等(见图3-59、图3-60)。

图3-59 FGirbaud2007年春夏的作品，模特上身用超大设计的项链配饰来装饰

图3-60 IOR2007年春夏的作品，在模特的头部戴有夸张造型的蝴蝶头饰

(10) 褶。褶是将平面的面料变形起皱形成立体效果的装饰方法。根据制作的方法可以分为压褶、捏褶、抽褶、缝褶(见图3-61、图3-62)。

图3-61 层叠的褶来装饰裙摆

图3-62 层叠的褶来装饰领口

◎ 三、服饰图案的实际应用

1. 在单件服装中的运用

服饰图案在单件服装中的运用主要是对服装个别部位的局部进行图案装饰。局部装饰的部位通常是在领部、肩部、胸部、背部、腰部、袖口、衣服下摆边沿处等部位。在单件服装中运用图案的风格要与服装整体风格和款式细节相互协调，这里风格主要是指图案所选用的色彩、材料、造型细节。

图3−63中的服装整体设计风格是比较俏皮可爱，以蝴蝶为主要造型的图案，在色彩上选用了粉色系，选用毛线为主要材料，一大一小两只不同造型的蝴蝶上下对应，中间绣上小花朵和流动的线进行点缀，与硬质的牛仔面料形成对比，

图3−63 贡微微 图案的应用

图3-64 服装中的图案设计

这也更加突出主题。图3-64也是比较可爱，但与上一张作品相比则显得有点幽默怪诞的可爱，主题构思是围绕小丑展开的，图案的制作上以手绘和手工绣为主，图案的摆放也采用不对称的形式，整体上与主题比较协调。

2. 在系列服装中的运用

(1) 针对单独图案的系列服装的设计。服饰图案在系列服装中的运用主要是以某一图案作为系列设计的基本要素，将其设计在系列中每个单件的款式上，但彼此之间又相互联系，使整体上保持统一而细节上又有变化，同时还要考虑到色彩、款式细节的系列整体感。图3-65是张诚珍的作品，是以蝴蝶图案作为系列设计的基本要素，每件服装中的蝴蝶图案在摆放的位置上是有所变化的，但在图案的色彩和形态特征上是统一的，使得整个系列既显得有整体感又有变化。

图3-65 图案在服装中不同的位置运用

(2) 针对面料图案的系列服装设计。针对面料图案的系列服装设计是指通过对服装面料图案的不同拼接或剪裁的设计，从而使服装整体既统一又有细节变化的设计。在设计时还可结合不同的款式进行设计，如图3-66整个系列的面料是以满花式的蝴蝶印花图案为主，通过款式上的不同外廓形和结构细节设计来丰富整个系列。而如图3-67中是将印花面料同自身所隐含的蓝色和黑色面料组合搭配，在款式上通过分割设计将两者组合在一起来设计。

图3-66 满花图案设计

图3-67 针对面料图案的服装设计

第四节　服装色彩设计

服装色彩设计是服装设计中较为关键的部分。色彩在设计要素中占有重要的地位，这不仅仅是因为色彩在视觉传达中具有直接传达的作用，还因为色彩可以影响人们的心理活动，间接地表达穿着者的心理特征，并且对整体的大环境有着点睛的影响作用。本节将对服装色彩设计做基础性的介绍并将其和服装整体设计联系在一起，以使其成为有机的设计部分。

◎ 一、服装色彩设计的概念及其表现形式

服装色彩设计是指服装上的色彩组合效果和设计过程的统一。它是把色彩作为造型要素，以自然色彩和人文色彩现象为设计灵感和依据，抽象提炼色彩造型元素，重新构成色彩形式并应用于相应的服饰设计过程。服装色彩设计是一个复杂的再创造过程，不仅要掌握色彩的基本原理、形式法则及设计规律，同时还须结合流行色协会发布的服装色彩流行趋势，使服装色彩设计具有计划性和更高的精确性。

图3-68～图3-70是2008/2009年日本春夏女装色彩流行趋势报告。分为三个部分，分别是狂想曲、彩虹色和发光色。图3-71～图3-74则反映了2008/2009年服装色彩的流行趋势。

图3-68　狂想曲部分

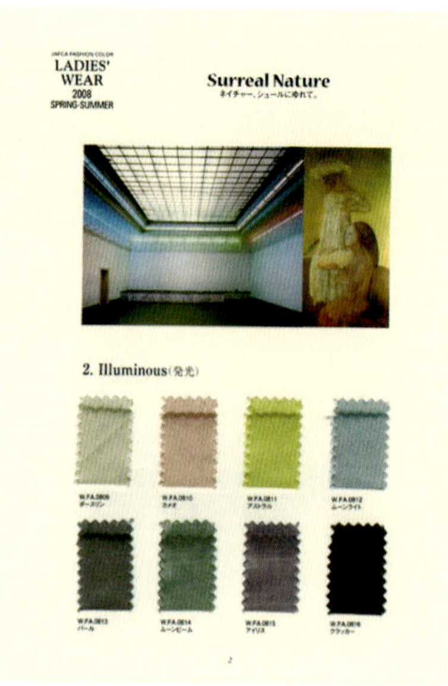

图3-69　彩虹色部分

图3-70　发光色部分

服装色彩设计要求在基于款式和面料设计的基础上，进行色彩的变化，以求达到最终的表现效果。面料与款式会对色彩的饱和度，色块的大小，色彩的对比范围产生一定的影响。色彩作为视觉的最直观部分，也会使服装设计有着最丰富的变化并与周围环境产生互动的影响，从而使被设计对象有着最生动的反映。

图3-71

图3-72

图3-73

图3-74

图3-71 主题一 喝彩趣味

图3-72 主题二 都市幻想

图3-73 主题三 神秘魅力

图3-74 主题四 谦虚适度

◎ 二、服装色彩设计的细节体现

在服装色彩设计中，色彩的设计并不是单一的，它仍需要配合一些其他的细节来完成。以下细节是需要被注重的，这些细节直接关系到设计的成功与否以及如何能有效地完成设计。

1. 色彩的比例分配

服装的色彩比例是随着形态和配置而产生的。色彩的形状和位置以及服装流动后的视觉效果，对服装的整体美起着重要的作用(见图3−75)。

2. 色彩的均衡配置

色彩的明暗轻重，色调的强弱、冷暖关系和形状，都对色彩的均衡效果起着重要的作用(见图3−76)。

3. 色彩的节奏感表现

色彩的节奏感是指在色彩设计中，通过反复出现、强弱交替的变化，表现出的一定规律性、秩序性和方向性的运动感。服装是一种流动艺术，它随着人体的起伏、动作的伸缩、环境的影响而具有生气，色彩节奏感的表现使服装具有理性与感性融合的气质（见图3−77）。

4. 色彩的层次表达

衣服有时候就像一本书，慢慢地品味，从细节到整体，从前到后，上至下，里到外，随着人们视觉的深入，层次慢慢地被剥离开来。色彩的层次表达，让被设计的服装更加有空间感。平面层次的表现，依靠色彩的明暗深浅在面料同一平面上产生视错觉。实体层次的表现通过色彩的明度灰度来产生前后

图3−75 图3−76 图3−77 图3−78

图3−75 色彩比例变化
图3−76 非对称性均衡
图3−77 色彩的节奏感体现
图3−78 色相纯度变化带来的层次感

视觉感（见图3–78）。

◎ 三、服装色彩设计的具体设计手法

服装色彩设计的一条最重要原则是：在色彩的能见度和注目性、视觉冲击力和感情吸引力与服装服务对象的性别、身份、肤色和职务之间既能同时兼顾，又能求得平衡。

当确定了色彩的搭配对象和色彩的基本搭配以及为一件产品选择了合适的明度和色相之后，如何将这些色彩放在一起，组成既有形态、尺寸和质地，又有色彩的统一色调，就是色彩设计的主要任务了。

另外，还必须客观地分析色彩的象征性，色彩在大环境下的潜意识暗示等因素，运用视知觉中比例与节奏、分离与强调这两条原则进行有机的色彩组合和调节，通过对服装的立体三维视觉和流动性特征，对服装的整体效果进行深入分析，以得到最佳的设计效果。接下来我们就详细讲解如何进行服装色彩设计。

1．主色的选择

主色是最主要的色彩，也是决定服装色彩主调的颜色，是直接传达给他人的第一色彩印象，主色的选择要慎之又慎。主色的选择要求明确又单一，整体效果准确而统一。

（1）单色相为主色。单色服装是服装配色的重要组成部分，具有较高的审美价值，多运用于正规场所和办公环境的使用。在视觉上给人以理性、稳重感。但在配色上若是过分统一，则显得无生气。因此应注意在色相、明度、纯度上有小变化，特别应注重饰品的色彩（见图3–79）。

（2）两色相为主色。两色相服装色感轻松活泼，优雅华丽。相对

图3–79 单色相为主色

图3–80 两色相为主色

图3–81 两色相为主色

于单色相的服装来说，适宜的场合更多，视觉上也更加跳跃（见图3–80、图3–81）。

（3）多色相为主色。运用一个色相为主色，其他色相为辅色的原理，就是色彩协调。它要求确立基本色调，将主色的色调面积扩大，以其色调调和全体色彩，或设定某一种中间色或无彩色等具有中间特性的色彩，当做这些多色的基本色，以求达到全体色彩的协调，此中间色调为基准色（见图3–82、图3–83）。

图3–82 多色相为主色

图3–83 多色相为主色

图3–84 不同色调的表现

2. 色调的选择

根据被设计者的肤色特征、穿着场合、时间地点、心理特征，我们应确定适宜的色调，如冷色调、中间色调、亮色调等。在色彩设计中，没有色调的服装色彩，就如同五颜六色的调色盘一样，各种色彩互不协调（见图3–84）。

色调的选择，直接影响具体主色的选择。从色相来分，有黄色调、绿色调、蓝色调等；从色彩的明度来分，有暗色调、灰色调、亮色调等；从色彩的纯度来分，有清色调（纯色加白或黑）、浊色调（纯色加灰）等（见图3–85）。

图3–85 绿色调

3. 色彩的调和

确定主色和色调后，为了色彩的搭配完美，应进行色彩的调和，以求达到理想的色彩效果。适用于服装配色的色彩调和有：

（1）原色调和。原色调和指用同一色系的色彩组合搭配。色彩正式稳重，整体感好，但较单调，不生动，需进行明度和纯度的变化，以调和同色系搭配的呆板（见图3–86）。

（2）异色调和。异色调和指不同色系的色彩调和，这种搭配活泼明朗，对比鲜明。配色时注意明度与纯度的高低深浅，色彩面积的变化等细节因素（见图3-87）。

（3）无彩色与有彩色的调和。无彩色配单色，素雅大方，无彩色配多色具有稳定多色的效果。它们之间搭配时无论明度或纯度的高低深浅很容易实现调和，金色系、银色系通常也作为无彩色来使用（见图3-88）。

进行了主色的选择、色调的选择和统一调和之后，服装的色彩大体感觉就可以定下来了。后续还要进行一些细节上的处理。比如前面我们讲过的色彩的比例、均衡、节奏和层次关系，也是关键的部分。当然，色彩的实现是通过面料染色来完成的，因此面料的特性对于色彩也有着一定的影响。例如麻织物表面粗糙，色彩纯度与明度较弱，而化纤织物表面光滑，反射力强，染色效果稳定，因此色彩饱和度较高。同一色彩体现在不同面

图3-86 | 图3-87 | 图3-88

图3-86 原色调和

图3-87 异色调和

图3-88 无彩色与有彩色的调和

图3-89 同一色彩在不同面料上的体现

料上，也有着对比均衡的效果。

另外，作为服装设计中不可缺少的部分——饰品，它对色彩起到点睛的作用。一个小手提包，一对闪亮的耳环，都可以将穿着者从沉闷的服装色彩中拉出来。因此，这些具有特殊地位的色彩配饰，也是我们进行服装色彩设计的关注点（见图3-90、图3-91）。

色彩的绚烂令人称奇，下面的服装色彩更多地体现出装饰性，

图3-90 饰品的作用

图3-91 金属饰品的特殊光泽

这类服装色彩设计需要考虑其装饰性和视觉效果，因此对于色彩本身的搭配要求较高（见图3-92～图3-95）。

设计服装色彩的时候还要考虑环境色彩关系。环境的色彩对服装起到一定的影响作用，不但在主色相上有呼应作用，还可以有着小面积对比提亮的功能（见图3-96）。

图3-92 色彩盛宴的晚装

图3-93 春花烂漫般的色彩设计

图3-94 源自蝶翼色彩的设计

图3-95 色彩与环境的关系

图3-96 在服装效果图上进行色彩的变化训练，通过调整主色的色相和明度来设计出合适的服装。

图3-97 玫红色为主色调的系列装　图3-98 蓝色调的系列装

图3-99 传统风格的色彩设计

日常穿着的休闲风格服装，色彩变化范围非常的广。混搭的服装特色决定着服装色彩的特性。图3-97和图3-98的系列装中，采用了适合休闲风格的玫红色和蓝色，使之与无彩色搭配或是同类色搭配，成为系列设计。

在图3-99中，中国元素是这款服装色彩设计的主要依据。红色作为主色，结合金色的装饰图案，和大袖款式，使传统与时尚紧密结合。

第五节 服装材料设计

选择服装材料是每一位设计师必须掌握的知识，因为服装设计最终表现是通过服装材料来实现的，运用不同的“材料”在人体上“包装”，从而达到服装设计的目的。

现代服装材料设计已经把材料推向一个极为重要的位置，它不是简单地把布堆积到人的身上，而是充分利用不同材料的特点，进行科学的艺术加工，使服装更具有美感和功能性。

服装材料设计既要表现出设计作品的造型效果，又使设计对象穿着的同时，还要从其他的感官上感受服装，从而使设计作品达到外在和内在的统一。同时，服装材料设计也可使设计作品产生多变的效果，在另一层面上丰富了设计语汇，增强了服装设计的表现力。

◎ 一、服装材料设计的概念及其表现形式

服装材料是制成服装所用的原料，这一概念已逐渐脱离过去陈旧的观念，从单一性的面料延伸至多元化的综合性材料的范围。从狭义的角度来说，服装是以天然材料和人工造成化纤材料为原料制作的。而从广义的角度划分，服装材料不仅仅是由纺织品制成的，它还包括人们最原始时使用的动物皮毛，植物及植物纤维、金属、纸制品、橡胶塑料等多元性综合材料。服装材料设计就是根据被设计对象的要求，选择或设计合适的材料，使之适合设计要求，达到最终的设计目的。

服装材料大致分为以下类型：

1．纺织纤维材料

纤维是一种天然或人造的细长物质，无论何种纤维都可

经纺纱织布过程最后形成面料。天然纤维是采用植物或动物原料加工而成的。人造纤维是以化学溶剂拉出的长丝作为纺织用的纱线而织成的材料。

（1）以植物为原料的纺织材料。如：棉。手感柔软，吸湿无弹性，强度低，易起皱变形。现在服装面料开发中，将棉和少量的化纤混织，使其整体上显现棉的特征，而在洗涤后也不会发生变形（见图3-100、图3-101）。

图3-100	图3-101
图3-102	图3-103

图3-100 纯色棉布　图3-101 印花棉布

图3-102 亚麻布　图3-103 苎麻布

麻。主要是亚麻和苎麻，凉爽透气，硬挺不沾身，适用于夏装的设计。但麻质服装易起皱，显得不平整（见图3-102、图3-103）。

莫代尔（木浆纤维材料）。具有很好的柔软性和优良的吸湿性，但挺括性差，多用于内衣设计。因其银白的光泽、优良的可染性及

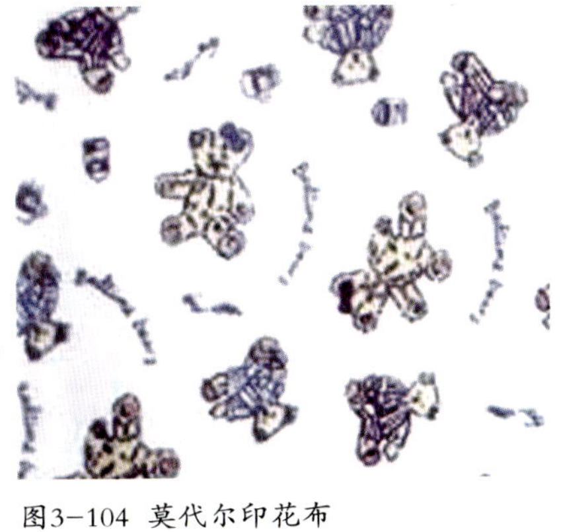

图3-104 莫代尔印花布

染色后色泽鲜艳的特点，可经过科学处理使之成为外衣所用之材（见图3-104）。

天然纤维的开发源自自然界，自然赋予我们的物质具有无穷无尽的开发潜力，还有更多的天然纤维会被开发出来。

(2) 以动物为原料的纺织材料。如：羊毛。弹性好，吸湿性强，保暖性极强。根据纺织精度可分为粗纺和精纺两种。粗纺以短羊毛条为原料，成品厚重。精纺以长羊毛条为原料，成品轻柔顺滑。驼毛和兔毛特性类似，只是手感更加柔软（见图3-105、图3-106）。

图3-105 粗纺羊毛

图3- 106 精纺羊毛

羊绒。国内又称“开司米”，英文名“Cashmere”（克什米尔）。以高原寒冷地区稀有特种动物绒毛为原料纺织而成，保暖性较羊毛更强，更轻柔，被称为“软黄金”（见图3-107）。

图3-107 羊绒面料

图3-108 印花桑蚕丝面料

图3-109 印花柞蚕丝面料

蚕丝。主要指桑蚕丝和柞蚕丝，是天然纤维中强度最高的材料，耐磨耐穿，手感柔软，弹性好，光泽度高，吸湿性强（见图3-108、图3-109）。

上面谈到的仅仅是以动物皮毛作为原料。服装材料领域已经开发出由牛奶作为原料的牛奶丝等新型面料，给服装设计带来新的变化。

（3）人造纤维纺织材料。如：粘胶。性能接近棉织物，但怕光晒，不耐酸。根据不同的质地有不同的称呼，棉类型粘胶称为人造棉，毛类型的称为人造毛，长丝类型的称为人造丝（（见图3–110、图3–111）。

涤纶。强度高，抗拉伸，保形性好，干湿状态下都不变形，

图3–110 人造棉面料

图3–111 粘胶雪尼尔面料

耐磨，易清洗。但不耐碱，易燃易熔。吸湿性和透气性都不如天然纤维，因此穿着舒适度较天然材料差（见图3–112）。

腈纶。轻柔，保暖性好，弹性好，保形性高（见图3–113）。

图3–112 涤纶阻燃面料

图3–113 织花腈纶毛毯

图3–114 锦纶面料

图3–115 涤棉混纺印花面料

图3-116 皮革

图3-117 毛皮

图3-118 植物材料组成服装

锦纶。强度高，耐磨，柔软富有光泽，吸湿性差，易起球，保形性差（见图3-114）。

因此在以人造纤维为主的材料中，多采用混纺的形式，将两个或多个纤维混合纺织，使其特性互补，以达到最好的效果（见图3-115）。也可将人造纤维与天然纤维混合纺织，以弥补天然纤维强度不高，易变形的缺点。

2. 皮毛类

皮毛类主要用于秋冬的服饰中，其主要指皮革和毛皮两种。

皮革。是由动物皮毛加工去毛而成，基本保持原有的组织结构，耐磨富有弹性，质地柔软，穿着舒适，具有极强的保暖性，北部寒冷地区多使用皮革作为主要服装材料（见图3-116）。

毛皮。也称为裘皮，动物皮毛加工而成。观赏性强，光滑柔软穿着舒适，保暖性极强，被视为高档昂贵的商品（见图3-117）。

3. 特殊材料

这里的特殊的材料，不是指其原料特殊，而是这些材料形态特殊，不常用于服装的制作，但其具有一定的艺术特性，可适用于个别场合，增强服装的观赏性和功能性。

（1）植物材料。与前面的天然材料不同，植物材料是直接取材于植物，没有经过科技的后加工，具有原生态的特点，自然特性显现无疑。例如：粗加工的麻、棕榈树皮、草、竹、树枝的简单编织等（见图3-118）。

（2）石材。天然贵重宝石、人造宝石和玉石等。其作用主要制成配饰用于点缀。也有用石材加工成服装，例如中国

图3-119 | 图3-120

图3-119 玉石组成服装
图3-120 桂由美设计的缀满1600颗珍珠的婚纱

古代的金缕玉衣，就是玉石制成（见图3-119）。

（3）珍珠贝壳等。与石材一样，大多用于配饰的设计，有时制成串缝制于服装上，以增加其价值，增强观赏性。例如婚纱上大面积的珍珠缝制等（见图3-120）。

（4）金属。古代人们曾用金属制成盔甲抵御伤害，这属于特种服装的制作，因此也使用特殊材料。稀有金属也被作为配饰与服装相辉映（见图3-121）。

（5）人造革。使用增塑剂喷涂在纺织面料上的制品。具有皮革的外观，但价格低廉。防水性强，透气性吸湿性很弱。大量运用在外衣和箱包的设计上（见图3-122）。

（6）纸质材料。一般指无纺布制成的材料，其特点是成本低，吸湿性强，轻便卫生，利于回收，印染方便，变化多样（见图3-123）。

特殊材料是服装材料研发的多产领域，人们总是想尽各种办法，研发出新型的材料，为服装设计增添新鲜的内容（见图3-124）。

根据不同的纺织方式，我们可以将服装材料分为针织面料和梭织面料。针织的结构决定了面料有一定的弹性，更加贴合人体。而梭织面料更加坚实紧密，有利于造型设计（见图3-124、图3-125）。不同的纺织方式也改变着材料的特性，平纹织法面料较薄，而斜纹织法使面料厚

图3-121	图3-122	
图3-123	图3-124	图3-125

图3-121 金属丝制成的服装
图3-122 人造革
图3-123 无纺布面料
图3-124 针织面料服装
图3-125 梭织面料服装

度增加，更加紧密。因此，选择材料的同时还要注意到不同结构的面料材质，才能将设计目的表达出来。

◎ 二、服装材料设计的目的

我们这里谈到的服装材料设计，不仅仅是对材料本身进行设计，而且还是将材料与服装设计紧密地联系在一起，因此材料设计更多的涉及如何有效地选择适合设计要求的材料和如何在材料上进行后加工创造，使最终的服装设计目的得以实现。

在进行服装材料设计的时候，我们要明确目的。材料的选择和后加工，可以改变服装的舒适度。例如未经过水洗的牛仔布，手感硬，不适于穿着，加上特殊化学药剂洗涤过的牛仔布，本身被软化，手感柔软舒适，同时水洗还会产生肌理感，有着特殊的视觉效果（见图3–126、图3–127）。

图3–126 未经过水洗的牛仔布，厚实坚硬

图3– 127 经过水洗的牛仔布柔软有洗白肌理

图3–128		图3–129
图3–130	图3–131	图3–132

图3–128 同一色彩的不同材质体现图
图3–129 印花化纤面料
图3–130 印花亚麻面料
图3–131 印花真丝面料
图3–132 印花针织面料

不同的材料对于色彩的附着度是不同的，附着力强的材料，例如化学材料，印染效果明显，着色效果好，色彩表达清晰（见图3–128、图3–129）。附着力弱的材料，例如麻、毛等，无法表达浓烈的色彩，适宜于淡雅的图案（见图3–130～图3–132）。

不同的强度也会影响到款式结构设计，是修身紧贴皮肤的结构，还是留出足够活动的空间，这都要根据面料的特性来决定。

因此，根据设计目的来选择材料种类，通过后处理来达到最终的设计目的，是服装材料设计的主要任务。

◎ 三、服装材料设计的具体设计手法

在学习服装设计的具体手法时，要熟知服装材料的种类和特性，前面对各种类型的材料做了简单介绍，但是认识一种材料，并不是简单从文字上去了解，还应该结合实物观察，通过以下行为去深入认识材料的特性：

看。这是最直观的认识，也是材料首先传达出来的信息。我们可以通过眼睛直接观察材料的色彩特征、组织结构、光泽、纺织精密度等特征，以确认是否与设计目的相符合。

摸。抚摸材料，可以感受其表面肌理和手感，想象其附着人体后的舒适度。

提。用手垂直提起材料或将其附在人台上，观察材料下垂时的形态，可想象其附着人体上随着人体曲线形成的褶皱。

拉。用双手拉扯材料，观察材料可承受的力度，拉伸后变形的状态以及放手后材料恢复原形的程度及时间。

材料测试。通过燃烧法、显微镜观察法、化学鉴别法、仪器测试法以区别各材料的纤维类别和透气性、吸湿性和尺寸稳定性等性能。

只有认识到材料的特性，我们才能在脑海中呈现出材料设计的最终目的并和服装设计结合在一起，最好地体现设计目的。在熟悉材料之后，我们必须准确知道什么样的材料适用于什么样的服装款式。服装设计通过材料设计来进行最初的准备，因此我们接下来学习材料与款式的关联。

首先是材料特性与服装外形的关系。

挺括的材料适用于造型明朗的款式，容易塑造郁金香型、T型、Y型的服装，这类服装款式需要硬挺的材料塑造艺术外形，而这些艺术外形不是人体所特有的，因此在进行这类风格设计的时候，我们选择材料要从挺括度着手。而A型、X型和紧身型款式，则与人体本身的曲线有着一定的关系，可以选择较柔软的材料。当然许多材料通过后处理，例如加上衬布，附着在其他挺括度高面料上等手法，可以增强硬度，同样水洗，鞣质等手法可以软化材料的硬度，使原本挺括的材料变得柔软。

伸缩性强的面料，例如针织面料，即使变化造型，仍然活动方便，而弹性弱的面料，在人体工学上就要考虑得更多。

其次是材料与服装风格的关系。

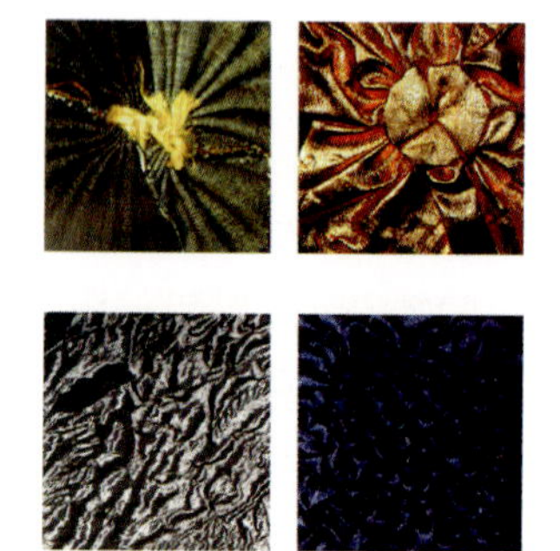
图3-133　通过拧结和高温烫压产生新的肌理效果

图3-134　不同方向的绗缝，产生新的秩序感

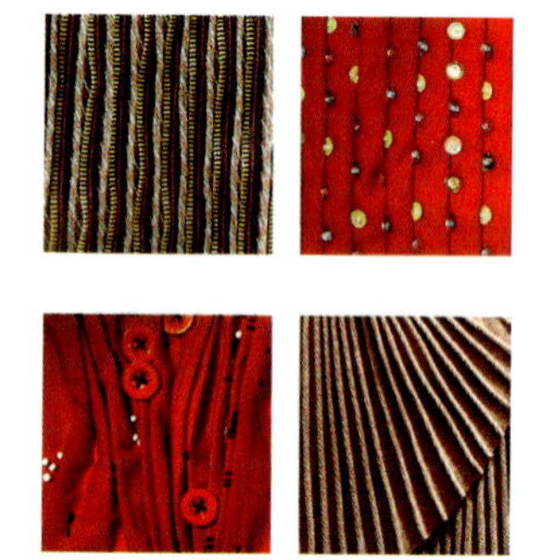
图3-135　不仅仅是简单地压褶，还将辅料缝制在褶缝中

图3-136　皱缩缝等手法可产生立体感

材料的不同风格决定了材料的实际设计用途。例如人们喜欢把手感滑爽、富有光泽、高雅华丽的丝织物用于内衣、晚礼服的设计上，而价格适中、防水性能好的材质则用于防风雨的外套上。当然在材料设计中，我们可以遵循两种思路：一是寻求常用面料在服装设计上的常规对应并寻找出设计特点，二是应用逆向思维的设计手法，寻求特色材料的搭配。

再次为材料的搭配。

这应该是材料设计中的重点部分，我们知道了各种材料的种类特性，知道了材料在外形与风格上的关系，但在将它们组合在一起的时候，我们应注意以下两点：

对比性。指服装中出现的两种或两种以上材料的对比关系。当不同材料应用于同一款服装的时候，因为材质、结构上的不同，在视觉上形成相互对立的关系。设计的因素包括材料在服装上分割后形成的比例，材料在视觉上的轻重感等。

统一性。服装设计是整体艺术，虽然在材料设计中会出现小对比、小节奏、小变化，但为了让整件服装完整，我们就必须注意统一性。使材料达到统一性的方法主要有以下几种：

统一色相：当材料风格差异太大的时候，为了视觉和谐，材料上多采用同类色和邻近色。

添加缓冲材料：当材料对比差异过大时，在款式分割中，添加中间状态材料，能起到视觉缓冲的作用。

统一后处理手法：后整理的手法统一，例如水洗，或是绣花的手法，可使两种不同的面料减弱对比。

最后为材料的再创造。

通过多种处理手法，在不同的面料上，进行创造性地处理，通过压、刮、挑、绣、缝、撕等不同的工艺以形成新的肌理，创造出新的面料。具体手法分为以下几种类型：

运用后整理手法：牛仔布水洗，硝酸洗，球磨等专业处理手法。将面料压出褶皱纹理，有顺序条理的和随机风格的，都可以体现不同的设计感（见图3–133～图3–136）。

运用手工工艺：包括绣花、印染、单线装饰等手工工艺的运用。运用大面积的绣花，绣花图案与珠片结合以产生新感觉的材料（见图3–137～图3–140）。

图3-137 大面积珠片与绣花的结合

图3-138 不同材质捏成花的形态，产生新的图案肌理

图3-139 扎染的图案具有自然魅力

图3-140 通过单缝线的装饰性产生新的图案肌理

利用图案进行材料设计：在材料上运用大面积的图案，以产生有序的肌理感，使得在视觉上更有冲击力。通过图案和材质的结合，产生立体的效果（见图3-141、图3-142）。

图3-141 各种立体材质组成新的图案

图3-142 不同色彩的珠片拼成新的立体图案

通过拼接、层叠的手法，将多种不同的材质融合为一体（见图3-143～图3-145）。

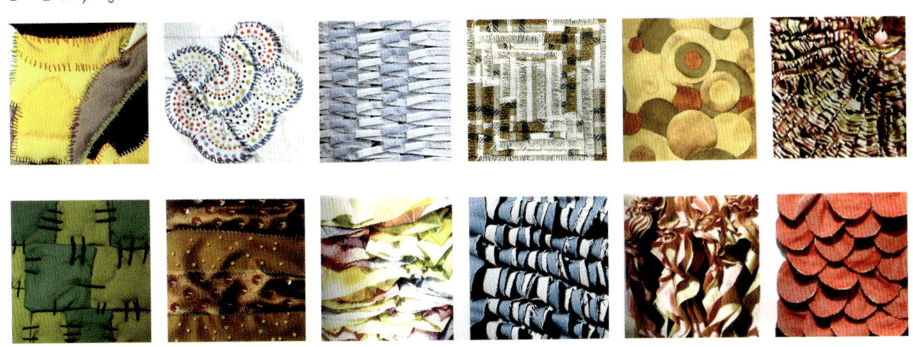

图3-143 运用补针绣的手法进行不同材质面料的拼贴

图3-144 不同色彩材质的叠加混搭

图3-145 不同材质的拼接叠加

通过对面料的切割、打孔、抽纱和磨毛等手法，产生镂空、通透的效果（见图3-146～图3-149）。

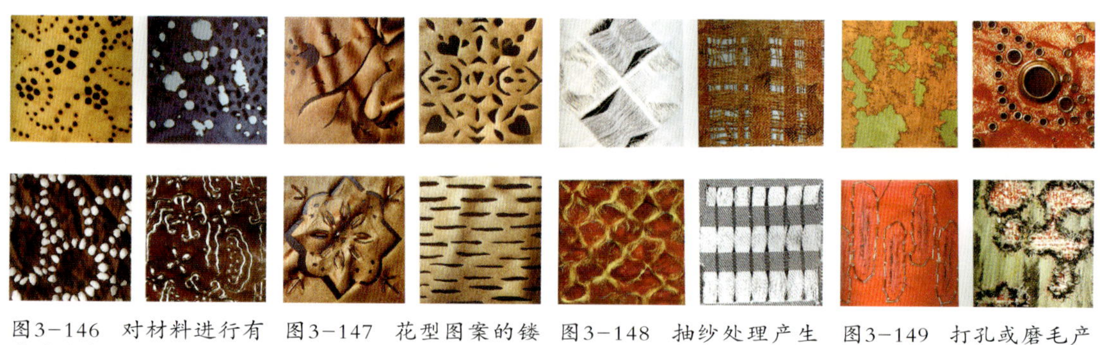

图3-146　对材料进行有序的镂空处理　图3-147　花型图案的镂空处理　图3-148　抽纱处理产生新的材料结构　图3-149　打孔或磨毛产生新的结构

◎ 四、服装材料设计的设计实际应用

接下来我们通过实例的分析来深入了解服装材料设计。

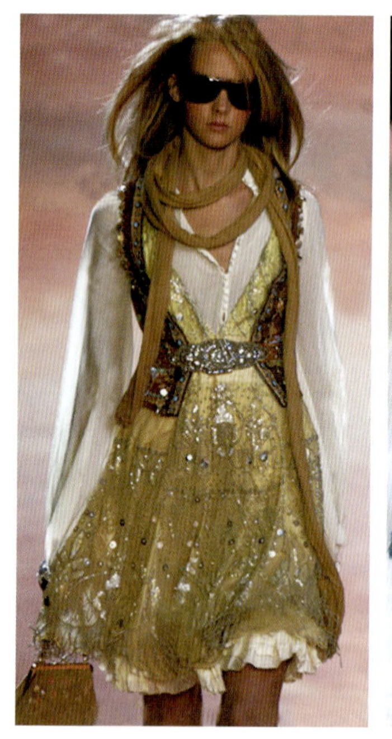

图3-150　钉珠片的雪纺面料　图3-151　层叠的压褶面料

面料上大面积的钉上珠片，减弱了材质本身的单薄感，提高了亮度和立体感，如图3-150所示。面料的层叠的效果，可以使色彩的自然过渡。面料的压褶处理可使包裹效果更强，珠片绣花的设计，使整件作品更加生动，如图3-151所示。

图3-152 镂空皮质

图3-153 竹编材质应用

皮革材质进行镂空处理后，可减轻皮革的厚重感，使外层材质与内层材质更好地融合在一起。

自然材质的应用因场合而异，早期有草编服装，树皮装，都是回归的主题。图3-153中将竹编材料做出时尚的设计感。

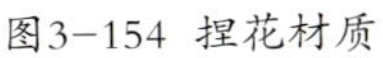

图3-154 捏花材质

图3-155 不同针织结构材质

捏花手法在材料设计上经常用到，因为它不但能产生新的花型图案，还可增强材料的厚重感，弥补原材料过于单调轻薄的缺陷，如图3-154所示。针织面料的不同织法拼接在一起，可以产生疏密交替的效果，这在现今的设计中经常出现，如图3-155所示。

图3-156	图3-158
图3-157	图3-159

图3-156 裁成条的服装　图3-158 材料设计应用
图3-157 压横褶的裙子　图3-159 针织面料的服装设计

图3-156中的服装材料，就是将原材质切成等宽细条后形成的。细条随身体起伏，更具有立体感和飘逸韵味。图3-157中的横向褶裥改变原始材质的单调感，使整件服饰具有洛可可般的甜美风格。

材料设计应适用于整体设计风格。图3-158中将经过后加工的材料进行系列装设计，注重整体效果和材料设计点的体现。图3-159中针织材质上图案的结构设计，使之适用于不同的部位，产生不同的效果。

图3-160 印花材质和罗纹布的拼接

对于不同材质的搭配也是材料设计的重要部分，图3-160中的设计使用印花雪纺和针织罗纹布的拼接，使细腻和粗犷的风格在充满女性味道的设计上得到统一。

第六节 时装画及平面款式图

◎ 一、时装画

时装画的主体是时装，它表现人们着装后的一种气氛、状态和精神，同时也会受到一定环境因素的影响。时装画是服装设计中不可缺少的表达方式之一，设计师能以最方便和快捷的方式表达设计的意图，因此在其他的方面也被广泛的运用。

1．时装画的分类

根据时装画的用途不同，可分为四个大类。

(1) 设计用的时装画。设计用的时装画具有工整、易读、结构表现清楚、易于加工生产的特点，在绘画时设计图会省略人物，重点表现服装穿在人体上的外轮廓款式和内在结构的细节设计，甚至会将局部有特殊设计的款式进行仔细地描绘并附上文字和面辅料的说明。图3−161和图3−162中设计款式中常用的设计草图就是如此。

(2) 比赛用的服装画。比赛分为两种，一种是服装行业为了发掘设计新秀或为了提高企业的知名度而举办的服装设计大赛；另一种是服装行业内有关部门举办的服装画大赛。由于比赛的形式要求的不同，服装画的表现也将不同。图3−163是第四届天意杯时装画入选作品，图3−164参加“茗牌”服装设计比赛的作品。

(3) 广告宣传用的服装画。广告宣传用的服装画要与活动主题及活动背景相吻合，在绘画的形式上可以采取比较夸张、有艺术感染力的服装画，如图

图3−161 ［法］克里斯汀−拉夸的手绘稿

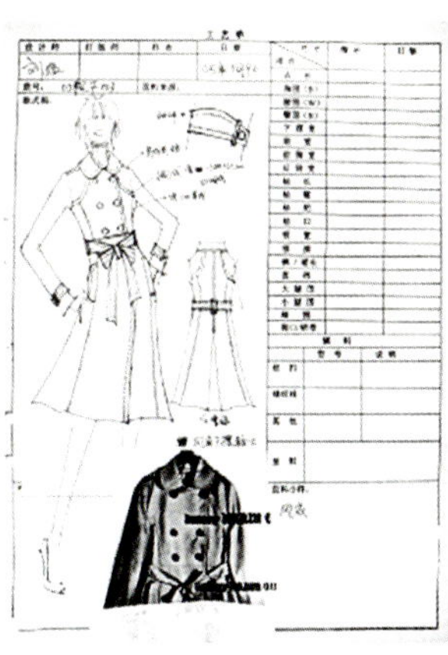

图3−162 设计草图

图3−163 马乔《花儿圈儿》

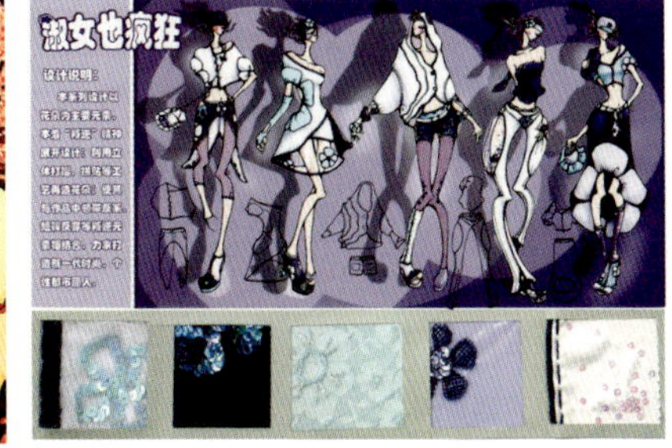

图3−164《淑女也疯狂》

3-165所示。

(4) 艺术欣赏用的服装画。艺术欣赏用的服装画是将服装画以一种艺术形式来传达绘画者的艺术理念，更偏向于时装插图的表现形式，可以采用剪贴、喷绘、拓印、电脑绘图软件等艺术表现手法，如图3-166和图3-167所示。

2. 时装画的表现形式

(1) 写实风格的表现形式。写实风格的表现形式是指将人着装以后

图3-165 Eduard Erlikh 广告宣传画　图3-166 ［美］大卫·当顿时尚插图　图3-167 ［法］Sophie Griotto 时装插图

图3-168 胡波作品

图3-169 陈小娟作品

的服装效果通过写实性描绘的手法表现出来，画面注重客观事物的存在性，如人物的头、手、脚的比例关系不能随意地夸张，要如实写照(见图3−168，图3−169)。

(2) 装饰风格的表现形式。装饰风格的表现形式是指抓住时装设计构思的主题，将设计图按一定的美感形式进行适当地变形、夸张艺术处理，将设计作品最后以装饰的形式表现出来。装饰风格的时装画不仅可以对时装的主题进行强调、渲染，还能将设计作品进行必要的美化。（见图3−170、图3−171）

图3−170 杰弗瑞·福尔维玛利时尚插图

图3−171 ［日］ChiakiMoriizumi

◎ 二、平面款式图

服装平面款式图是服装效果图的补充说明，是设计的另一种表现形式。服装平面款式图是将设计图中表现不够清楚的部位，具体而又准确地表现出来，因此要考虑到服装的结构和工艺制作等方面的要求，使观者一目了然。

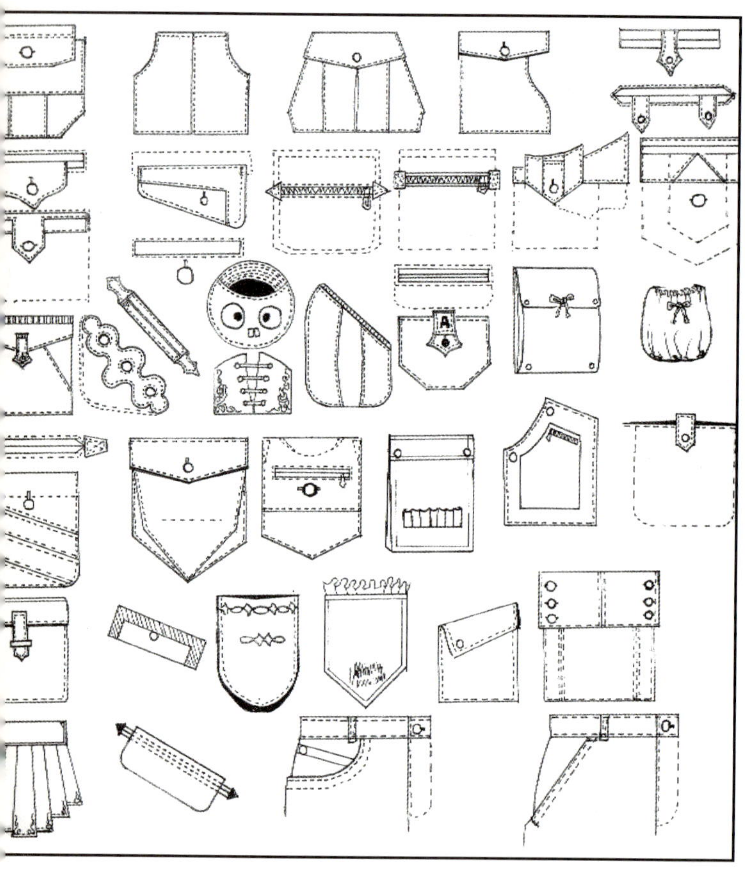
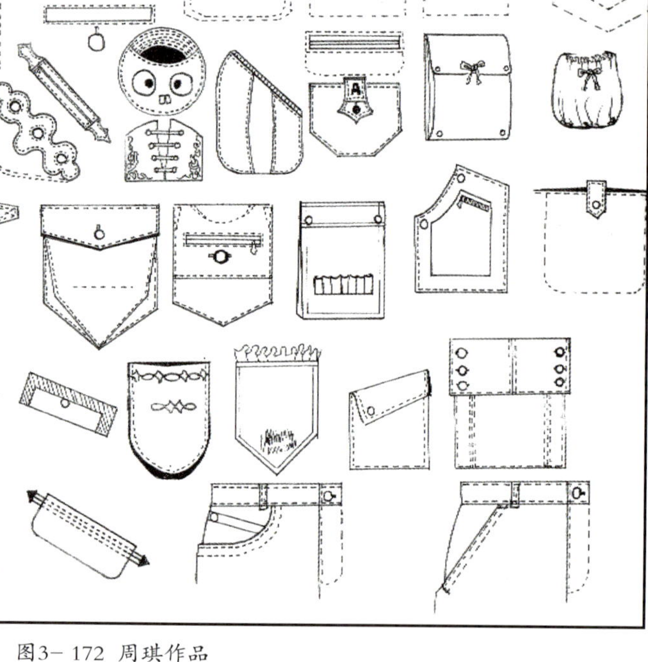

图3－172 周琪作品

图3－173 服装款式图

1．平面款式图的分类

服装平面款式图分为局部款式图和整体款式图。图3－172是局部的口袋平面款式图。图3－173是整体的服装平面款式图，是根据一块面料开发设计的成套的服装。

2．平面款式图的表现形式

服装平面图的绘制一般采用较为规则的线，工整而规范，一般可以分为电脑绘制和手绘制两种形式。在绘画时要注意左右、上下、前后、中心的对称关系，有领、口袋、袖、省、细褶、缉明线等设计的部位都要正确且详细地表示出来。绘画就是设计的一个过程，因此还要考虑到服装与人体之间的结构关系。图3－174是电脑绘制的平面款式图，图3－175是手绘的平面款式图。

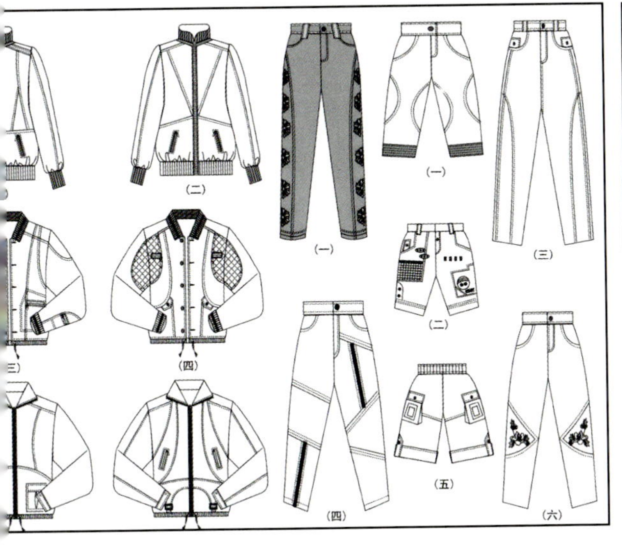

图3-174 赵清水作品

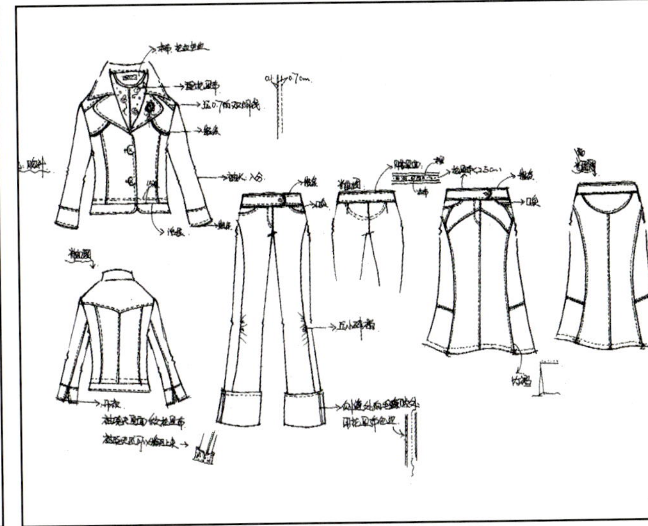

图3-175 平面款式图

另外，平面款式图也可以上色，表现介于时装画和平面款式图之间，这样既有平面款式图所特有的工整、严谨的写实性，同时也可以像时装画那样表现服装面料细节以及丰富的画面效果，这也更加突出主题。图3-176、图3-177是手绘形式的平面款式图，图3-178是电脑绘制的款式图。

图3-176 刘阳《休闲派》 图3-177 刘阳《牛仔风情》

图3-178 吴海燕工作室流行预测

本章思考与练习

1.从外观结构造型和装饰角度来分析局部细节的基本特征。（可以通过收集相关的设计作品图片来分析）

2.根据以上分析结果，对领、袖口、口袋、门襟、腰部、下摆做有目的的设计练习。

3.收集省道、分割线、褶的设计作品，制作成册。在收集的过程中注重形式变化并在各变化旁注明该形式所代表的风格。

4.设计一个系列的礼服，以褶的形式完成，在1：5的人台上完成。要求具有一定的风格表现，参照图3–35所示。

5.收集以花卉、动物、植物这三种图案形态为主题来设计的服饰品图片并对其设计进行分析。详细表明各图案运用的手法、色彩风格和所代表的含义以及与该款式的联系。

6.设计一款花卉图案，根据图案在服装中的表现形式，将图案制作成实物，运用到同一款式不同部位以达到设计的目的。表现的方法和材料不限。

7.以单色相、双色相和多色相进行系列装设计。要求款式变化要少，重在色彩设计。

8.通过调整色块的大小、明度和纯度进行同一款服装的不同色彩设计。要求每一组使用同一系列色彩，每组服装色彩变化不少于4套。

9.运用课程中所教授的手法进行材料创新设计。要求动脑筋开发新的材料，不要拘泥于常见形式。

10.将设计材料与各款不同服装融合，使之运用到不同的部位，产生不同的风格。建议结合时装流行发布款式进行材料设计。

11.通过观看时装发布会，选择一款或一系列服装，进行时装效果图绘制。

12.将前面所学的知识整合，设计一系列服装。要求有款式细节、结构、图案、色彩及面料的变化并配以详细的结构图。

第4章 服装专题设计

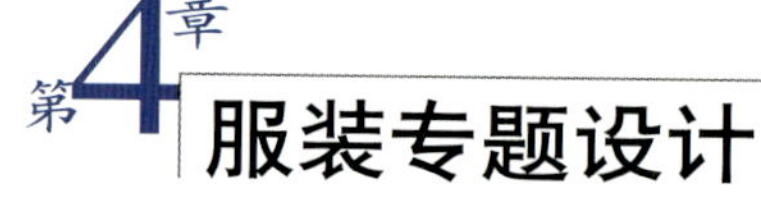

第4章 服装专题设计

第一节 系列服装设计

系列服装设计是强调设计的单件服装以一定的次序或内部某种相互关联的元素，使服装设计作品形成系列的动因关系。系列服装设计具有关联性和秩序性。

◎ 一、系列服装的设计形式

1. 以内部细节为主的系列形式

以内部细节为主的系列形式是以服装中某个细节作为系列元素的重点，以此来统一系列中的多套服装。作为系列中重点的设计元素，可以通过改变方位、大小、色彩来丰富整个系列，使整个系列既有细节的变化又达到整体的协调统一。如在图4-1中，设计师在衣襟处缝上亮色曲线边，成为整个系列的细节设计的亮点。图4-2中的作品灵感来源于城市涂鸦艺术，在服装上绣上具有城市气息的图案，是此系列重要的细节设计手法之一。

图4-1 Prada 2008春夏系列作品

图4-2 Clare Tough 2008春夏系列作品

图4-3 Blugirl 2008春夏系列作品

2. 以色彩为主的系列形式

以色彩为主的系列形式是以一组色彩作为服装中的统一元素，通过色彩的明度、纯度、色相的变化来丰富整个系列。色彩系列的服装在款式设计和面料运用上可以进行变化。如图4-3 Blugirl 2008春夏系列作品，设计师选用紫色系作为系列的主打色。

3. 以面料为主的系列形式

以面料为主的系列形式是通过具有强烈视觉效应的面料作为在统一服装的设计元素。此系列中的款式造型是可以随意改变的，色彩也可以有些变化。如图4-4和图4-5中都是以面料为主的系列设计。

图4-5 日本文化服装学生作品，以编织的手法来加工面料

图4-4 Issey Myiake 2008春夏系列作品，在面料上做了各种褶的处理

图4-6 作品《零度》的主题资料的收集草图

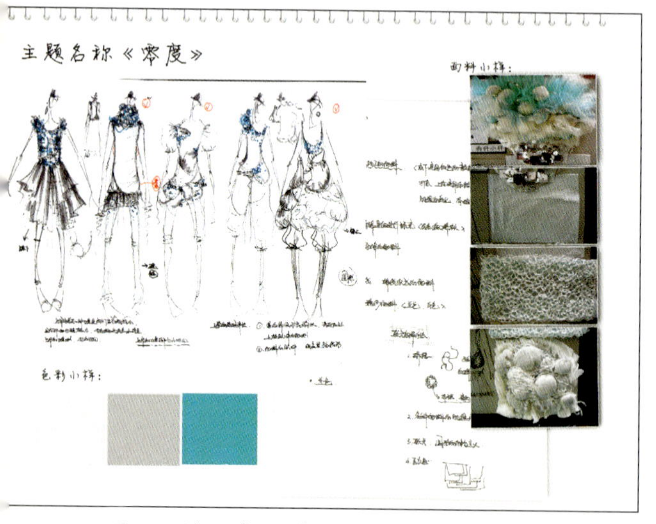

图4-7 作品《零度》的设计草图

◎ 二、系列服装的设计步骤

1. 选定系列设计的主题方案

设计者首先要选定一个设计的主题方向，这个主题方向可以通过一些图片、文字以及草图的形式来完成初步的面料、色彩、款式的感觉，这里的草图主要是根据主题形式的感觉来设计一些款式细节和面料材质表现。以图4-6中的《零度》设计作品为例，主题思想是想表现事物在降到零度时，看似平静的表面其实也蕴含着新的力量，事物的终点也预示着新事物的起点即将开始，一切都在静静地变化之中。因此，结合设计的主题思想可以寻找一些相关的图片和文字来做初步的完善，先将这些都记录在自己的书写本上，以便于后期设计的完善。

2. 确定系列设计的要素

选定的主题方向确定以后，就可以根据确定了的主题来罗列系列要素，这里的系列要素包括服装的面料和辅料、主色调和配色调、工艺结构、局部款式细节设计以及服饰配件都要非常清楚地罗列出来，然后根据系列套数的要求将这些系列要素进行合理地安排。如图4-7所示，根据上述资料的收集确定《零度》设计作品在色彩、款式、面料上的方案，特别是面料，可将面料的细节表现做出小样来，再结合款式来完善。在这个过程中还是不要忘了将这些资料记录在自己的速写本上，不要完全依靠脑子记录而是要用手来记录这些。

3. 画出整个系列的效果图及平面款式图

在上述所有的系列设计要素确定好了以后，就可以通过效果图的形式将服装在人体上穿着后的效果表现出来，在画的时候要注意服装细节表现，每套服装之间相互关联是否到位，设计重点的布局是否合理，总之要使整个系列的服装既有细节独特的表现又有完整的统一。

如图4-8和图4-9中就是有感设计作品《零度》的效果图和平面款式图。

图4-8 作品《零度》的服装效果图

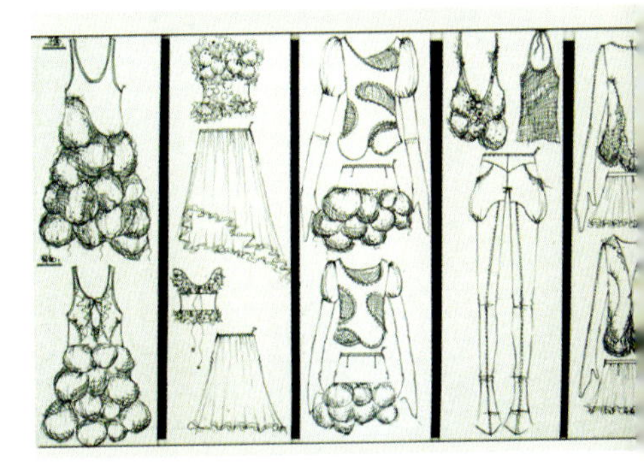

图4-9 作品《零度》的平面款式图

◎ 三、系列服装的设计要点

服装呈系列一般至少是两套。通常是分小系列（2套）、中系列（3～4套）、大系列（5～6套）、特大系列（9套以上）。现如今在许多服装设计大赛中多是以中系列和大系列的形式来进行投稿。

系列服装在整体上一定要有主题风格，没有主题风格的作品最后呈现出来的效果也是空洞而没有生机的。如图4-10和图4-11都是以海洋为主题的系列设计，但二者的风格完全不一样，图4-10的作品灵感来源于海洋里美丽的水生物，通过绚丽的色彩、夸张的款式造型设计来表现海洋世界无尽的神秘，整体的设计充满了趣味性；而图4-11将海洋飘逸感觉和色彩同中世纪宫廷的服装细节结合起来设计，整体的设计充满着神秘、俏皮、柔美的感觉。

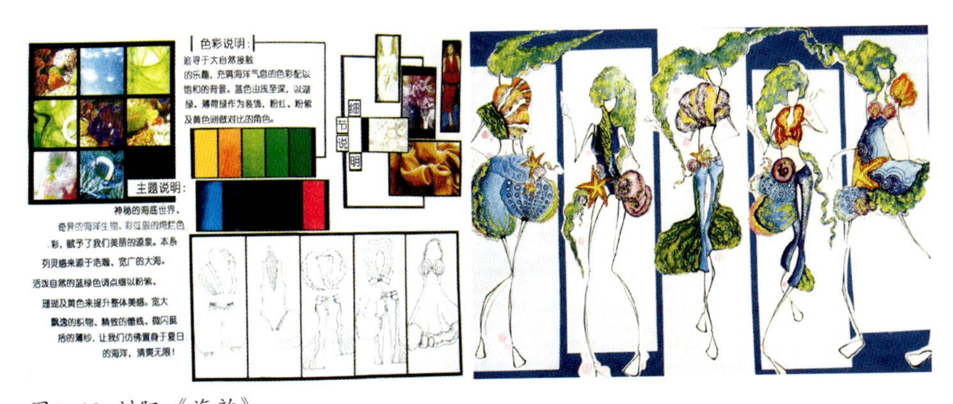

图4-10 刘阳《海韵》

图4-11 张诚珍《海蝶》

图4-12 系列装设计

图4-13 系列装设计

系列服装在设计时一定要注意色彩、款式和面料的协调搭配，无论是从什么角度出发来做设计，都要把握好从整体到局部、局部到整体的关系，过分注意整体的效果反而会产生平均、呆板、没有设计感的感觉；而过分注意细节又会使整体上散乱、没有主次的感觉。因此在设计时要注意把握整个系列在细节上有丰富的变化，在整体上又要把握好大局的统一（见图4-12、图4-13）。

第二节 工业化服装设计

工业化服装是由工业化的生产程序制作的有一定批量、一定尺码系列的服装，也就是通常所说的成衣。工业化服装是以满足消费的需求为目的和根据标准号型系列来进行生产的服装。

◎ 一、工业化服装的特点

工业化服装具有市场大众化特征，是指其产品既要符合时下的市场形式的发展，同时还要迎合市场上大众化的审美要求，与高级时装有本质上的区别。

工业化服装具有产品规格化的特征，在服装号型标准上，国家对成品产品规格都有一定的技术规定，如对女子体型分类的代号为Y、A、B、C，是按人体的胸腰落差来进行分类的，在成品的服装上还必须要标明号、型，如160/84A，就是表示身高160cm，净体胸围84cm，A是表示体形代号。在年龄定位上也有要求，如儿童装（6~11岁）、少年装（12~17岁）、青年装（18~30岁）、成年装（31~50岁）、中老年装（50岁以上）。

工业化服装具有生产机械化和快速化的特征，在生产的过程中大量采用各种机械化的生产设备，采用的是流水线似的批量生产过程，这样既方便快捷，又能提高生产效率。另外在价格上也具有合理化特征，工业化服装采用的是批量生产，这样也大大降低了服装成本，再根据季节和市场流行情况，可以调整出适合于市场的价格，以获得更好的经济效益。

◎ 二、工业化服装设计的流程

工业化服装的设计主要可以分为服装产品设计、生产设计、销售设计，但本节主要是针对服装产品设计来讲述，服装产品设计还包括产品设计阶段、结构设计阶段、工艺设计阶段，这三个阶段之间紧密联系。

产品设计阶段开始之前要做好成衣服装的设计定位，这里的定位主要是指消费群定位、产品风格定位、产品类别定位、市场营销定位以及服装流行信息的收集和对未来市场的预测。有了以上这些准备工作后，就可以从服装的色彩、款式、面料这三个方面做整理和归类，最后有针对性地选择面料来进行服装款式的设计，一般是以平面款式图的形式来表现。

结构设计阶段是将设计出来的款式图分解展开成平面的服装衣片结构图，是款式到工艺之间的过渡环节，这个阶段一般是由打版师来完成的。这一阶段非常重要，因为在打版的过程中可以弥补款式设计中的不足，同时也还要考虑到下一个工艺设计阶段的实际制作的合理性。

工艺设计阶段是将结构设计的结构安排在合理的生产规范中，这其中包括服装的工艺制作流程、辅料的配用、工具设备和工艺技术的选用以及产品质量的要求标准等，不仅关系到产品的质量，还关系到服装的成本。这一阶段一般是由样衣师来完成。

◎ 三、工业化服装的设计要点

1. 工业化服装的设计要充分考虑消费者的使用要求

使用要求包括审美要求和功能要求。例如婴儿服装的设计，从审美要求来讲，色彩一般选用浅粉色和柔和的暖色，以免所含的染料刺激婴儿的皮肤；装饰性强的辅料虽好看但也不宜用得太多，如纽扣，以免误食。从功能要求来讲，以天然纤维的面料为主，特别是吸湿性强和透气性好的棉织物居多（见图4–14）。

图4–14 婴儿装以棉织物为主

2. 工业化服装的设计要考虑到成本的要求

要从面料和辅料、工艺制作等方面来考虑，如果服装工艺制作上过于复杂，那么加工的时间和劳动量就会减少，成本也会相应地提高。因此，在设计每件款式时，设计师都要进行成本合算，有时即便是设计的作品再好，若成本太高，一旦会影响产品的销售也可能取消这个款式的生产。当然，这些是要结合每个服装公司产品的实际定位来决定的。

图4-15 江南布衣品牌形象

◎ 四、工业化服装案例分析

工业化成衣服装品牌都有着自己的品牌历史和固定的消费群体。每个品牌都有自己的团队，在每个季度根据市场消费群的审美需求和购物需求，来制定相关的款式细节和销售卖点等。在面料和色彩上，都有着自己的特点，并随着时间的推移，形成了固定的模式，以便于固定消费群体记忆和识别。

下面进行一些实际的成衣案例分析，来说明工业化服装的特点和形式。

1. 女装品牌：江南布衣（JNBY）

公司成立于1994年，1999年设立了杭州江南布衣服饰有限公司第一分公司，至今已在北京、上海、武汉、重庆、深圳等地建立了直营公司，销售“JNBY”女装产品（见图4-15～图4-18）。

产品牌设计理念：

“JNBY”的含义是：Just Natural Be Yourself(自然、自我)，这句短话所涵盖的意思是江南布衣设计师们本身的生活信念，更是江南布衣品牌所要诠释和推广的着衣生活理念。

消费群体：20～35岁的都市知识女性。

产品设计：

面料：采用天然纤维面料，以棉、麻、毛为主，舒适、自然、透气、吸湿性好，全情演绎

"回归自然"的设计主题；

色彩：以沉稳雅致的环保色作基本色系，配以流行亮点作为点缀；

款式：不拘于流行，每一季会推出4～6个主色系，单品合理、穿着性强、相互间搭配性强。在细节上采用印花、刺绣、手绘、面料立体造型等，注重人性化的板型工艺设计。

图4-16 江南布衣卖场展示

图4-17 江南布衣卖场展示

图4-18 江南布衣卖场

图4-19 ONLY服装

图4-20 ONLY 2008成衣

图4-21 ONLY 2008 成衣

2. 国际成衣品牌ONLY

ONLY是欧洲著名的时装公司丹麦BESTSELLER拥有的四个著名品牌之一（见图4-19～图4-21）。

ONLY拥有许多设计师，他们遍布巴黎、米兰、伦敦和哥本哈根等主要时尚发源地，这使 ONLY 永远站在欧洲流行的最前沿。ONLY是时尚都市女性的选择。

适宜人群：20岁左右的女孩，她们乐于拥有独特的个性。

面料选择：该品牌注重时尚与休闲的结合，因此面料选择上更加注重功能性。有些面料来自欧洲和日本，特别注重运用如富强纤维、氨纶等最新的高科技面料，使衣物既有天然面料的舒适性，又容易清洗，以保持良好的形态。适合约会、休闲、工作，令女性能够轻松应对多种场合。

色彩：靓丽与柔和的色彩并重，既凸显个性，又不失稳重。

款式：款式适宜于生活与休闲，注重功能性，以人体正常运动为主要目的，追求舒适与装饰性为一体的设计目的。

图4-22 sisley 成衣系列

3. 国际品牌成衣：sisley 成衣系列

sisley最早出现于1968年，是巴黎一家棉衣制造公司的商标，后由意大利贝纳通公司收购，经重组，现已成为意大利具有标志性的成衣系列（见图4-22～图4-25）。

sisley具有特立独行的风格，同时希望借由sisley所传达的形象和讯息，使世界各地文化彼此交流，鲜明地表现出各个不同的风俗民情与生活方式，让消费者能享受到异国风情与文化，宛如亲身经历了旅游与探险的乐趣。

适宜人群：针对时下年轻群体，该品牌成衣以大胆创新的风格，游离于禁忌与反禁忌之间，被大多数渴求反传统的年轻人喜爱。

面料：追求弹力与舒适，在棉和化纤上做成分调整，以求得到色彩的最佳效应和穿着舒适度的要求。

色彩：sisley的成衣设计具有色彩亮丽，活泼跳跃的形式感。

款式：sisley的款式具有打破禁忌的特点，这也是它的最大卖点，短到极限的裙子，低到极限的领口，无一不把女性的妩媚、男性的阳刚发挥到极致。每年sisley的服装大片，都吸引着时尚界的眼球，成为年轻人选择服装的指示标。

图4-23 sisley 2008 春夏发布的成衣

图4-24 sisley 2008春夏发布的成衣

图4-25 sisley 2008 春夏发布的成衣

本章思考与练习

1．讨论：选择两个不同设计风格的品牌，对其色彩、面料、款式设计进行分析讨论。根据消费群体的不同，进行深入分析。

2．根据讨论的结果，选择其中一个品牌，根据其风格来设计一个系列的女装。（要求：(1)设计5套；(2)先设计面料与色彩，再设计款式）

3．讨论：在市场上选择一个成衣品牌，对其风格定位、消费群体、流行趋势来做一份市场调查报告，根据调查的结果来进行讨论。

4．根据以上讨论的结果，同学们可结合流行趋势和自己的兴趣喜好来设计一个服装品牌。（要求：(1)消费群体自定；(2)要有明确的风格定位；(3)4开纸，图文并茂，制作成册）

第5章 服装设计的创意法则

第5章 服装设计的创意法则

第一节 服装设计的潜在变化规律

◎ 一、服装流行的概念

流行，英文为 Fashion，在《仙童服装字典》(Fairchild Dictionary of Fashion) 里被定义为“一种盛行于任何人类团体之间的衣着习惯或风格。它是一种现行的风格，可能持续一年、两年或更久的时间”。

关键字包括：

习俗——一种传统；

风格——当前广受欢迎的特色；

盛行——其他风格可能同时存在；

各种团体——不同阶层有不同的流行风貌；

现行的——此时此刻正在发生。

流行是一种类别与程度的问题，也是一种广泛的完貌，涵盖被接受趋势的各种动向。它是一种客观的社会现象，反映了人们日常生活中某一时期内共同的、一致的兴趣和爱好。它所涉及的内容相当广泛，不仅有人类实际生活领域的流行（包括服装、建筑、音乐等，也有与人密切相关的服装的流行，后者尤其显得突出。它不仅是物质生活的流动、变迁和发展，而且反映了人们世界观和价值观的转变，成为人类社会文化的一个重要组成部分，并直接影响着人们的生活。

服装流行指的是服装的文化倾向，通过具体服装款式的普及、风行一时而形成潮流。这种流行倾向一旦确定，就会在一定的范围内被较多的人所接受。服装流行的式样具体表现在它的款式、材料、色彩、图案纹样、装饰、工艺以及穿着方式等方面，并且由此形成各种不同的着装风格。

服装款式的流行主要表现在服装的外形轮廓和主要部位外观设计特征等方面。

图5-1 面料外观

图5-2 面料编织手法

图5-3 新的针织方式与款式的结合

图5-4 新颖的皮草拼贴手法

1．服装面料的流行

服装面料的流行主要表现在面料所采用的原料成分、织造方法、织造结构和外观效果等方面（见图5-1～图5-4）。

2．服装色彩的流行

服装色彩的流行主要表现在报纸、杂志上公布的权威预测方面，这些流行色在一定的时间和空间范围内，受到消费者的欢迎（见图5-5、图5-6）。

3．服装纹样流行

服装纹样流行主要表现在服装图案的风格、形式、表现技法等方面，如人物、动物、花卉、风景、抽象图案、几何图形等方面。例如每季T恤上的印花图案，就能十分明显地体现出当季服装图案的风格（见图5-7）。

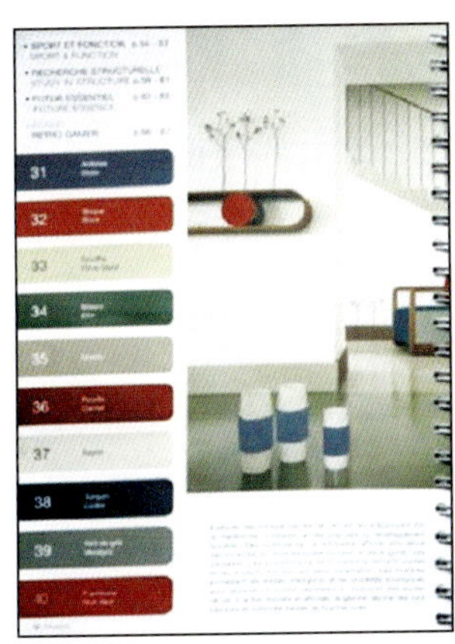

图5-5 Pecler发布的2008春夏流行色

图5-6 色彩机构发布的流行色

图5-7 神奇的黑与白，是经典的流行色

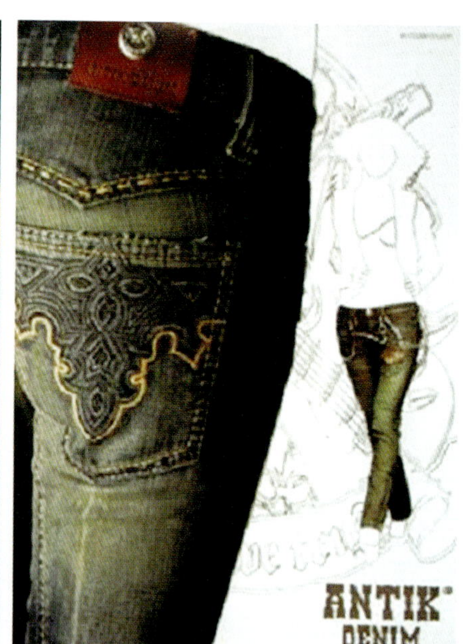

图5-8	图5-9	图5-10
图5-11	图5-12	图5-13

图5-8 具有民族风格的彩条
图5-9 同类色拼接
图5-10 牛仔绣花图案
图5-11 西服上的图案
图5-12 西服图案局部
图5-13 面料上的图案

4. 服装工艺装饰

服装工艺装饰的流行主要体现在不同时期采用的一些新的加工工艺和表现手法上，如新的缉线方法、绣花手段、缝合拼贴的方法都富有变化着的流行（见图5-8～图5-16）。

图5-14 珠片中裙

图5-15 珠片装饰服装

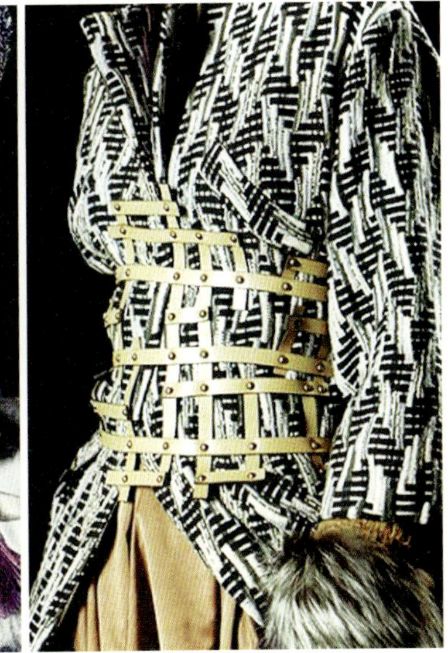
图5-16 新的加工装饰手法

二、影响服装流行的因素

流行并不是凭空产生的，它受到人为因素、社会经济状况、自然因素、文化背景、国际重大事件等因素的影响。

1. 人为因素

影响因素主要来源于人们喜新厌旧、攀比和从众心理。喜新厌旧是人们在日常生活中的一种心态。这种心态在服饰中表现得尤为突出。如20世纪60年代风靡欧美的“迷你裙”，其设计灵感来源于伦敦街头的青少年的着装风格。它的设计与当时蓬勃发展的青少年文化相结合，一度扩大成为60年代的流行。如果设计服装时脱离这些因素，只是一味地以自己的主观意识作为设计的主要思路，所设计出的服装很难成为流行（见图5-17）。

图5-17 1966年玛丽·昆特创造的“迷你裙”的流行

2. 社会经济状况

服装流行的状况可以反映出一个国家的经济状况，在服装流行蔓延、传播的过程中，社会的经济实力起着直接的支撑作用。正如日本，随着本国经济实力的增长，其服装奢侈品的消费市场逐渐完善，国际大牌服装企业，纷纷在日本设立专卖店，

图5-18 英国国旗图案运用到服装上

有的品牌，如 LV、Prada、Armani 都有专门的设计小组针对亚洲，尤其是日本市场，开发其流行的服饰产品。

3．自然因素

自然因素主要包括地域和天气两个方面。地域的不同和自然环境的不同，形成了各地不同的服装特色风格，这些特色又是由面料、色彩和款式的需求所构成的。

4．文化背景

生活中服装的流行是随着时代的变迁而变化的，不同时代的流行，都与不同社会文化背景下人们生活的习惯、宗教信仰、审美观念等相契合。在1965年，服装深受ＰＯＰＡＲＴ艺术风格的影响，出现了“趣味化、年轻化”的造型和款式（见图5-18）。

5．社会重大事件

社会重大事件的发生往往被流行的创造者作为流行的灵感。很多国际上的重大事件都有较强的影响力，能够引起人们的关注。如皮尔·卡丹设计的太空装及其设计风格的流行，是以前苏联和美国的“太空大战”为设计灵感的（见图5-19、图5-20）。

图5-19 人类登上月球

图5-20 皮尔·卡丹设计的太空装

◎ 三、服装流行的变化规律

服装流行的转化不是一夜之间产生的，是一个渐变的过程。新样式的出现后，激进敏感的人马上做出反应，待流行上升，逐渐为大多数人所接受，流行达到高潮，接着就出现新样式的更替，随着新样式得到普通大众的一致接受，前一段流行的样子逐渐退出流行的舞台，更新的样式达到了流行的高潮。服装的流行就是被这些不断出现的流行高潮所塑造着。著名的学者莱弗（J. Laver）曾生动地分析道："一个人的穿着离时兴还有5年，被认为不道德；在时兴的3年前穿，被认为招摇过市；提前1年穿是大胆行为；时兴当年穿，显得完美；时兴1年后穿，非常可怕；10年后穿，招来耻笑；可再过30年穿，又有了创新精神。"根据服装流行规律，服装流行的变化可分为5个阶段。

1．初始阶段

服装的每种新款式、新风格，从设计创作到组织生产推入市场，都要经历一个过程。来自世界时尚之都的国际大牌服装的款式和搭配风格未必能一出现就立刻获得普通大众的认同，成为流行。这些新款式、新风格需要经过时尚先锋者的尝试、媒体的推荐后逐渐被普通大众接受、认同，进而发展成为某一时期的流行。所以，在服装流行的初始阶段，其社会接受程度很低。

2．流行上升阶段

新的时装问世后，首先引起部分人的关注，接着，这种新意广泛传播，为更多人所欣赏，从而有可能进入普及阶段。在此，服装行业应及时顺应"流行上升阶段"的消费者的需求。服装设计师们应针对自己的市场和目标顾客群的情况和审美观等，对处于上升阶段的流行进行细化设计，使其设计的产品能顺应市场的发展。

3．流行高潮

由于顾客需求量的大大增加，服装生产厂家要在这个时期从各个不同方面千方百计满足需要。这个时期中流行式样的仿制、复制品品种繁多，价格也多样化。在流行鼎盛时期，即意味着有时装意识的人们寻求新意阶段的开始。

4．趋势下降阶段

同一类式样的服装大批量生产销售，使人们产生了"视觉疲劳"，引起一种厌烦的心理，"求新求异"的心理作用强烈起来，导致了当前流行的退热。

5. “拒绝”阶段

在“拒绝”阶段，流行的服装已经为大多数消费者所拥有，他们不会再购买相同或相似的产品了。在流行周期的最后阶段，消费者的眼光实际上已经转向新的样式。因此，这个时期可以认为是另一新流行周期的初始阶段。

第二节 抓住流行的变化

在迈向经济全球化、信息化社会的步伐中，全球时尚资讯越来越丰富，传播速度越来越迅速。作为一名服装设计师，应学会把握瞬息万变的时尚潮流，抓住流行的变化，采集和运用流行元素。

在信息社会中，资讯丰富使我们可以了解到世界各地的资讯。那些政治、经济、文化的发展变化都会对服装潮流产生大大小小的影响。如在 APEC 会议期间，唐装再次掀起时尚的潮流。街头文化，乃至明星的衣着动态都影响着时尚的变化。参考和利用国际流行资讯对服装设计而言是一项非常重要的工作。采集国际流行资讯的方法和途径有很多。如各种专业的展会、时装发布会、关于服装的各类出版物、传媒、电视、互联网等。

◎ 一、国际性的展会

国际性的展会它们有各自的侧重点。法国第一视觉面料展（Premiere Vision Salon）是一个全世界最大型的国际时装面料展，每年分春夏、秋冬两季（2月及9月）为期四天于法国之都巴黎举行。博览会向全世界提供了一个可亲临其中观看、触摸、感受和决定明日潮流时尚的空间。展会还向观众预测了最新的面料及纤维行情在下一季度的时尚态度，成为潮流的指标，深受时装界巨擘的爱戴。在巴黎的另一个著名的国际性面料展会是国际纺织面料展（TEXWORLD）。展会产品包括原料、纤维、面料及辅料、纺织机械、成衣等。纽约国际时装面料展（International Fashion Fabric Exhibition），简称 IFFE，是北美最大的纺织面料展会，也是全球纺织界最重要的展览会之一，其重要性和市场指导性为业内人士高度认可。展览会在每年的3月和9月举行。展会中所展示的不仅仅是各种纺织服装面料，还有各种辅料、服饰、标签、纽扣、电脑设计、流行趋势及时尚服务等，是了解国际时尚趋势，获得纺织面料产品订单和在国际市场上提高企业形象的最佳场所。前来参观展会的专业观众包括顶尖的设计师、面料生产商、面料采购商、成衣制造商、大型零售商、时装公司等纺织专业人士。

德国杜塞尔多夫国际服装博览会，简称 CPD，展会期间发布时尚趋势以及展示用于男女时装、童装、运动健美服装等领域的面料。作为与 CPD成衣展同期举行并紧跟科隆男装展的面料、配饰最新信息发布会，CPD 面料展已经成为服装领域不可或缺的信息来源以及纺织服装行业交流的平台，其影响力远远超出了德国范围。近年来，展览会的参展品范围进一步扩大，几乎涵盖了世界纺织工业的所有范畴。

法国巴黎国际女装成衣展览会（Pret A Porter Paris）是世界上最知名、历史最悠久的女装成衣展会，一年两届，汇集了来自世界各地的知名女装成衣品牌，连场的时装发布会展示最新时尚潮流。展览主要面向中高档女装成衣商，展示世界各地的女装成衣。其展览本身就已具有相当的品牌效应。

◎ 二、高级时装/高级成衣发布会

巴黎、米兰、伦敦、纽约四大时尚之都，每年两季的高级时装和高级成衣的发布会是业内人士注目的焦点。

观看这些展会、发布会后，服装制造商和服装设计人员对服装面料和设计元素的流行，对时装的主题及概念会有个非常快速、直观、综合和深刻的把握（见图5-21～图5-28）。

图5-21 高级成衣的制作间

图5-22 2008春夏高级成衣发布

图5-23	图5-26
图5-24	图5-25
图5-27	图5-28

图5-23　2008春夏高级成衣秀场
图5-24　服装发布会趋势
图5-25　巴伦夏加春夏服装发布会
图5-26　迪奥高级时装发布会
图5-27　迪奥高级时装发布会
图5-28　迪奥高级时装发布会

◎ 三、时尚出版物

琳琅满目的时尚出版物是我们获取服装流行资讯最主要、最便捷的工具。这些服装方面的专业出版物有关于流行趋势的预测，也有不同类别的时尚信息，有些服装方面的专业出版物还在第一时间刊登欧洲最新时装发布会的成衣图片。这为那些不能亲临展会、发布会的服装工作者在最短的时间内通过图片和文字把握各种时装流行元素提供了有效的渠道（见图5–29）。

◎ 四、专业机构

有不少专业机构都会在固定的时间内发布对服装流行趋势进行的预测。纱线是面料研发和生产的基础，纱线的流行色及其材质特点的变化直接影响、决定着面料的流行。如法国 Exprofil 国际纱线展一年两度在法国举行。它是国际同类纱线和纤维展览会的权威性展会，同时也是全球最大的纱线和贸易博览会。与展览同期推出纱线色彩等方面的流行趋势，很具指导性。美国棉花公司每年两次发布流行趋势，包括色彩、面料、印花图案等方面的流行趋势。还有一些机构会根据市场调研与对流行趋势的分析，为企业提供专业、及时、可靠的市场信息，指导企业制定产品开发企划。如贝克莱尔根据企业的市场定位、品牌实力、市场发布前景、流行趋势来制定更为细致的流行趋势预测（见图5–30～图5–34）。

图5–29 著名的Elle 时装杂志

图5–31 专业机构的流行预测

图5–30 专业机构的流行预测

图5-32 专业机构的流行预测

图5-34 panton 发布的流行趋势

图5-33 panton 发布的流行趋势

◎ 五、服装市场、服装品牌

观察国际一流品牌，特别是那些已经登陆我国各大高档商场中的国际一流品牌，也是我们参考并获得流行元素的途径。Dior、Chanel、Prada、Maxmara等国际一流品牌服装都走在世界服装潮流的前端，其流行度往往提前我国本土市场 1~2 年。这类服装品牌具有很强的前瞻性，它们对于我国本土的服装品牌追随国际时尚潮流发展具有很强的指导性。在市场调查中，我们要密切留意这些国际一流品牌服装的色彩、面料、工艺、服装款式以及产品的结果等方面的一系列变化。

图5－35 vogue 杂志上关于2007年秋冬服装流行趋势的报告

◎ 六、互联网

互联网是获取流行信息最快捷、最便捷的信息渠道。世界各国的流行网站和品牌服装公司的流行网站为业界提供了大量的流行信息。如世界知名的时尚杂志 Vogue 及其网站会及时更新最新的流行资讯，以满足全球读者的需要（见图5－35、图5－36）。

图5－36 时尚网站发布的春夏流行趋势——夏威夷风

第三节 大众心理分析

在日常生活中，个人的态度或行为方式常常受到他人或所属群体的影响，从而使个人在行动上与群体规范保持一致，以获得认同感和归属感。在社会影响下，人们形成暗示、模仿、时尚和流行等群众性的心理现象。社会影响和人们的服装行为有密切关系，这种关系突出反映在服装流行过程中。

从大众心理的角度来看服装的流行，主要来自于追求新奇和变化、追求差异和他人承认、从众相适应群体或社会、自我防卫、个性表现和自我实现这5种动机。

◎ 一、追求新奇和变化的动机

流行最大的魅力在于其样式的新奇性。人们生活在社会中既希望维持现状，有一个相对安定的生活环境，又不满足于每天单调重复地生活，要求有新的刺激和变化。流行可以说是最容易满足这种安定与变化的相反欲求的有效手段。大多数流行的新样式比起使生活发生根本变化的东西来，不过是外在的表面的变化，起着对单调枯燥的生活给予适度刺激的作用。渐别是日复一日地穿着同样的式样，容易产生厌倦心理，因此，服装是对新奇和变化有着更为强烈欲求的领域。人们通过穿着流行的新样式而变换心境，表现出与以往不同的新的自我，寻求变化的刺激。人们这种永不厌倦地追求新奇和变化的动机，不仅促进了新产品的开发和新技术的发明，而且也成为推动社会和文化变迁的动力。人们这种追求新奇和变化的心理使得设计师们绞尽脑汁不断地推陈出新，创造出一个又一个流行的浪潮。

◎ 二、追求差异和他人承认的动机

人们或多或少都有在所属的群体或社会中受到他人注目、尊重的愿望。即使是谨慎而不愿“出风头”的人，如果穿着与他人完全相同的服装恐怕也会感到不快。当然，比一般人在地位、财富、权力、容貌等方面优越的人要想显示其优越感，最有效且易于表现的方式便是服饰来武装自己的外表。过去服饰用于标志等级差异，社会上层的人通过时髦的与众不同的穿着，显示其地位与富有。现代社会衣着服饰更多地用来表现个性和美的能力，以引人注目和获得赞赏。

◎ 三、从众相适应群体或社会的动机

对于每天生活于群体和社会中的个人来说，被所属群体或希望所属的群体所接受是重要的，要做到这一点，最有效的方法便是遵从群体或社会的规范。前面已经指出，服装作为个人和群体或社会相互作用的媒介，起着重要的作用。服装可用来表达群体成员的亲密感和所属群体的一致性，利用服装而获得群体的认同和归属感，是最简单而有效的方法。流行虽不具有强制执行的性质，但却是一种无形的压力，当一种样式在群体成员中或社会上广为流行时，便会对个体产生相当大的影响，而“迫使”有些人不得不追随流行。

◎ 四、自我防卫的动机

一般人对自己的体型和容貌、能力和性格、社会地位和角色等多少都会有一点自卑感，因此，在无意识当中，人们都有利用自我防卫机制对自卑感进行克服的动机。通过时髦的穿着掩饰自己的不足以克服自卑感是最简单而有效的方法之一。不顾自身经济条件甚至超出自己需要，而追求高档名牌服装的青年人，其外表的华丽或许正好反映了其内心的自卑感。

◎ 五、个性表现和自我实现的动机

每个人都有与他人不同的个性特征，表现自我、表现个性的愿望常常与希望发挥自己的潜能，增加自己的知识能力，发挥美的创造力等自我实现的动机相联系。新的流行样式为人们表现自己的个性，发挥创造性提供了有效的手段。

本章思考与练习

1．讨论：影响服装流行的因素包括哪些方面？通过分析某一历史比较悠久的品牌和品牌所处的销售地区来进行说明，将比较结果制作成册。

2．讨论：试比较不同国家及地区的服装品牌变化流行的形式，挖掘其内在规律。

3．结合自己对某一服装品牌的观察，谈谈当前市场上的服装流行现象以及该流行现象后面的本质，即影响流行的一些根本元素。

第6章 优秀作品欣赏

第6章 优秀作品欣赏

服装设计作为与人们生活紧密联系的设计种类，具有实用性和艺术鉴赏性。本章优秀作品欣赏就是从这两个方面入手。首先介绍实用性强的服装，这类服装更具有大众推广的作用，在大中型城市都有着自己的销售渠道。这些品牌或设计师本身设计服装时，有一个专门的团队，因此这类设计作品在社会上出现的几率较大，是社会时尚潮流的直接引导者。而另一方面则是以艺术鉴赏性为主要目的的服装，价位较高，属于高级成衣系列。这类服装更注重的是与周围环境的协调性和对于审美的高需求。

同时服装设计还有另一个体现，即它是相关绘画的表达。它不仅仅是服装本身，它更多地是传达着一种生活状态与某种色彩的气质。

下面我们就这几类型的优秀作品进行分析赏析。

图6-1 谢峰作品

图6-2 谢峰作品：《翔》，以奥运会为主题的2008春夏时装设计作品

第一节 服装设计作品

中国国内的服装设计作品随着改革开放、西方思潮的涌进，而日益成熟。他们在吸收国外先进技术的同时，也开始独立表达自己的设计理念。

谢峰，1984年毕业于中国杭州理工大学，获得纺织品设计本科文凭，1990年毕业于日本东京服装学院。2000年创立JEFEN品牌，2006年其品牌JEFEN入选巴黎时装周，并在法国巴黎卢浮宫举办成衣发布会。

图6-1为谢峰中国品牌“吉芬”（JEFEN）女装在法国首都巴黎的卢浮宫举行专场发布会。这是中国时装品牌首次在巴黎时装周上举办发布会。“吉芬”品牌面料以丝、麻等天然素材为主，在简约的设计中融入了时尚元素（见图6-2）。

马可，曾获兄弟杯冠军，中国十佳服装设计师。

图6-3 马可作品《无用》

图6-4 马可作品《无用》

拥有自己的服装名牌——例外（EXCEPTION ）。马可偏爱天然、质朴的材料，尤其是带有源自本身的机理和质感的材料。在她的服装里，看不到太多花哨、艳俗的东西。线条简洁流畅，装饰较少，利用本身的大块面的剪裁和中性的颜色表达一种都市新女性的独立与自信。2007年受法国高级时装工会主席的邀请，马可带着她的“无用”品牌在巴黎举办展示，这也是继吉芬之后第二位进入巴黎时装周官方发布名录的中国设计师品牌（如图6-3、图6-4）。

《无用》整场秀没有华丽的装饰，也没有传统的模特走秀，接近装饰艺术展览。作品中突出的表现在于对面料新的探索，用了大量的传统刺绣，通过阳光的暴晒和沸腾的热水煮面料等二次加工的手法，来达到一种返璞归真的感觉。

由于欧洲服装设计起步较早，所以欧洲的服装品牌都有着悠久的历史和深厚的文化沉淀。这使得他们的服装设计更加精致和有深度，我们接下来列举一些发展时间较长的品牌服装设计作品。

Dior，他于1905年1月21日出生在格兰维尔，后经过多方面的学习，成为当时有名的设计师。第二次世界大战后的服装革命——“new look”的款式创新让他闻名于世界。随着后来伊夫 · 圣罗兰和约翰 · 加利亚诺的加

图6-5 Dior品牌服装

图6-6 Dior品牌服装

图6-7 Chanel品牌设计作品

图6-8 Chanel品牌设计作品

人，将Dior设计推向顶峰（见图6-5、图6-6）。此后Dior公司涉及时尚界的多个方向，例如香水、化妆品、皮具等。但Dior的女装，现在乃至将来都是其设计的重点所在。

Chanel，被称为“法国时装之母”，她在人们心中，不仅是个优雅的品牌，更是一种自信、独立现代的新女性标志。毕加索称她是“欧洲最有灵气的女人”，萧伯纳给她的头衔则是“世界流行的掌门人”。卡尔·拉克菲尔德在1983年接替夏奈尔设计的重任，将Chanel的女性知性风尚延续下去（见图6-7、图6-8）。

Versace，范思哲的出现，源于其创始人詹尼·范思哲对时装完美、极致的热爱，而他的意外身亡，更给这个品牌平添了独一无二的神秘色彩。在美国著名时装摄影师理查德·埃夫登的帮助下，范思哲的设计风格鲜明、具有特殊美感的作品开始出现在世界各大顶尖时尚杂志的封面上。其极强的先锋艺术特征、魅力独具的文艺复兴格调以及具有丰富想象力的款式，渐渐为世界各地时尚人士所推崇。

范思哲的设计风格非常鲜明，是独特的美感极强的艺术先锋，强调快乐与性感，领口常开到胸部以下，他撷取了古典贵族风格的豪华、奢丽，又能充分考虑穿着舒适及恰当的显示体型。范思哲的套装、

图6–9 Versace 设计作品

图6–10 Versace 设计白色礼服

图6–11 Versace 设计黑色晚装

裙子、大衣等都以线条为标志，性感地表达女性的身体。范思哲品牌主要服务对象是皇室贵族和明星（见图6–9～图6–11）。

第二节 时装画作品

时装画作为服装设计的一个重要部分，它本身也是一种相当有装饰性的鉴赏物。时装画不单纯表达服装款式，还传达了与款式相符合的气质。单单一件服装作品实物体现不出来，而时装画则可以很好地表现其设计作品的气质。

大卫·当顿（David Downton），是著名的时装插画师，出生于英国伦敦，曾就读于坎特伯雷与沃尔汉普顿艺术学院，学习平面设计与插图。大卫·当顿擅长用简洁和精炼的线条去表现人物的特征，使用的工具多半是水彩、水粉、墨水、切纸等。为了完成一张好的作品，大卫 当顿通常都会先用相机把模特的各种姿势拍摄下来，然后对照每个姿势用铅笔画10～20张的草图，当这个过程结束以后，他才会进行水彩纸上的创作。大卫的工作时间一部分是为那些身穿迪奥·夏奈尔·瓦伦蒂诺等高级时装的巴黎模特为主题创作时装插画，同时也为一些杂志创作时装插画（见图6–14～图6–19）。

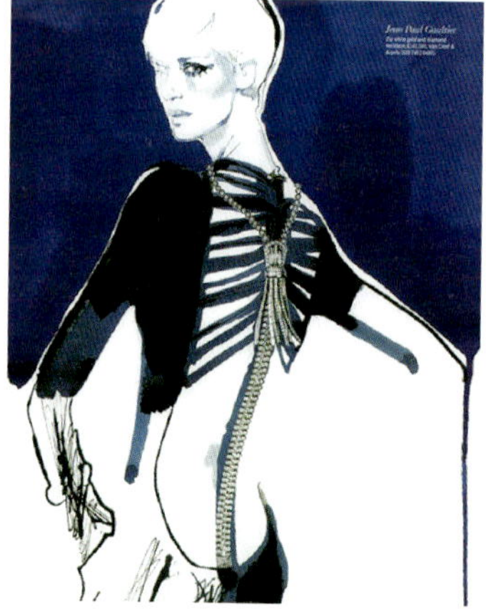

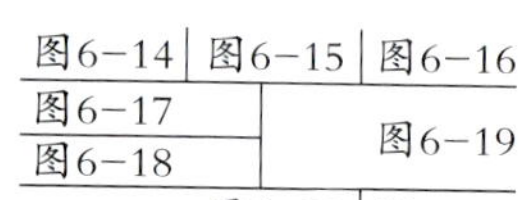

图6-14	图6-15	图6-16
图6-17		图6-19
图6-18		
	图6-20	图6-21

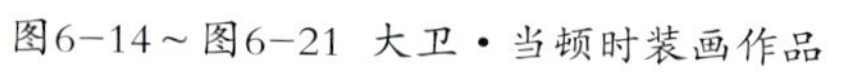

图6-14～图6-21 大卫·当顿时装画作品

杰弗瑞·福尔维玛利（Jeffrey Fulvimari），著名的商业时装插画师，由他设计创作的“鹿眼娃娃”风靡世界，其插画图形象被用在史蒂拉（Stila）化妆包上以及路易·威登（Louis Vuitton）与在《艾拉·菲茨杰拉德歌集》音乐CD封套上。他的作品不仅涉及时尚的高端产品，同时也非常受低端市场的欢迎，从1998年起，他的“波比”女孩形象就牢牢地在日本市场占据一席之地（见图6−22～图6−29）。

图6−22～图6−29 杰弗瑞·福尔维玛利时装画

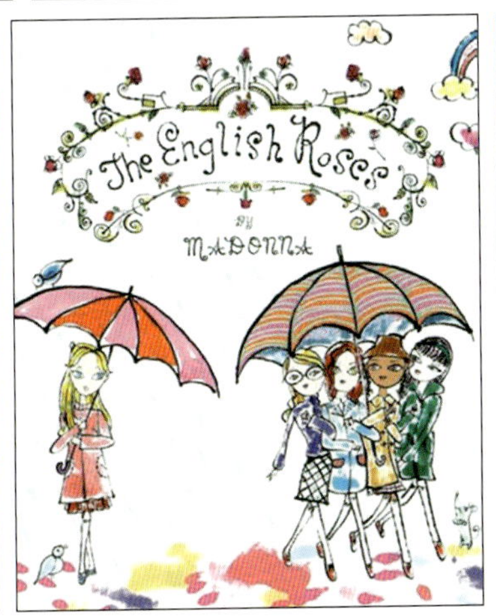

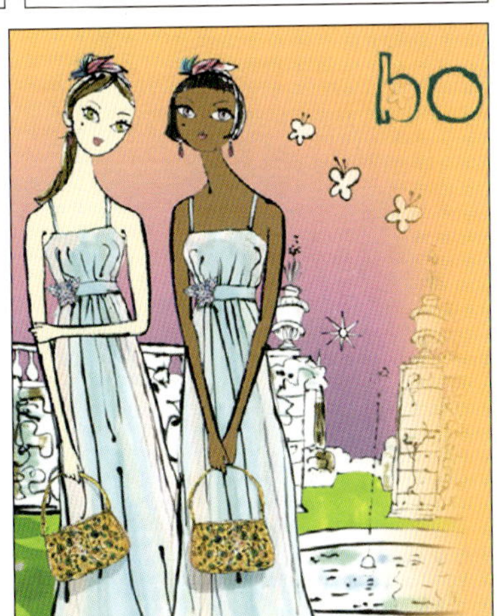

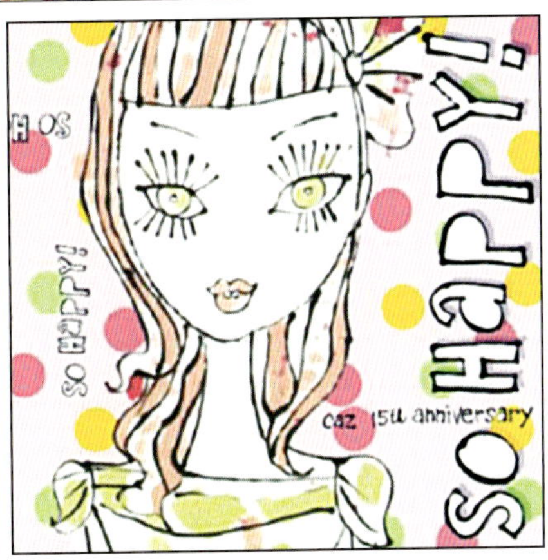

图6−22	图6−23	图6−24
图6−25	图6−26	图6−27
图6−28	图6−29	

现在国内高校中的服装设计教育日渐成熟，学生们的作品也有了一定的观赏性，下面就是部分师生的时装画作品，放在此处，希望给将来学习这个专业的同学们一点借鉴和鼓励。

图6-30 时装画作品

图6-31 时装画作品

图6-32 时装画作品

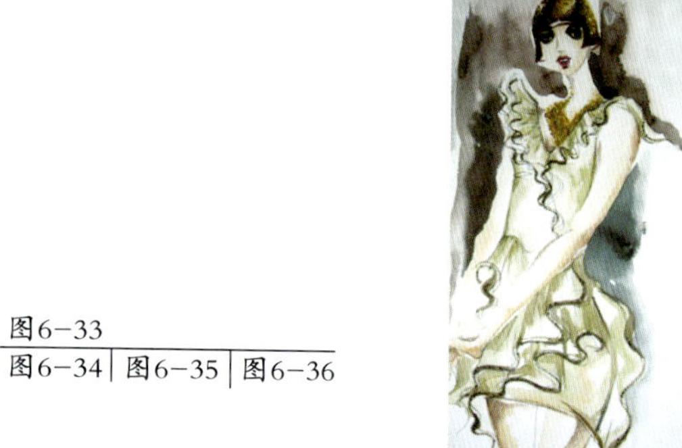

图6-33
图6-34 | 图6-35 | 图6-36

图6-33～图6-36 郑俊洁时装画作品

参考文献

[1]黄元庆.服饰色彩学[M].北京：中国纺织出版社，2001.
[2]谭莹.服装色彩设计[M].武汉：中国地质大学出版社，2007.
[3]赖涛.服装设计基础[M].北京：高等教育出版社，2004.
[4]鲁闽.服装设计基础[M].杭州：中国美术学院出版社，2001.
[5]林松涛.成衣设计[M].北京：中国纺织出版社，2005.
[6]潘瑶.电脑艺术时装画[M].西安：陕西人民美术出版社，2006.
[7]王受之.世界时装史[M].北京：中国青年出版社，2003.
[8]［英］海伦.沃尔特.T恤图案新设计[M].上海：上海人民美术出版社，2005.
[9]刘白吉.女性服装史话[M].天津：百花文艺出版社，2005.
[10]李芽.中国历代妆饰[M].北京：中国纺织出版社，2004.
[11]韩春启.梦幻霓裳——中国历代服饰印象[M].北京：中央编译出版社，2006.
[12]华梅.中国服装史[M].天津：天津人民美术出版社，1996.
[13]崔唯.纺织品艺术设计[M].北京：中国纺织出版社，2004.
[14]吴洪.吴洪服装设计教程[M].武汉：湖北美术出版社，2006.
[15]白湘文，赵惠群.美国时装画技法[M].北京：中国轻工业出版社，1992.
[16]尹定邦.设计学概论[M].长沙：湖南科学技术出版社，2001.
[17]刘瑞璞，刘维和.服装结构设计原理与技巧[M].北京：纺织工业出版社，1991.
[18]杨勈兰，李建慧.精彩刺绣装饰[M].北京：中国纺织出版社，2002.
[19]［美］玛里琳·霍恩.服饰：人的第二皮肤[M].乐竟泓，杨治良等译.上海：上海人民出版社，1997.
[20]郑佩芳.服装面料及其判别[M].上海：中国纺织大学出版社，1994.